“三农”培训精品教材

玉米绿色生产技术

刘喜霞　张　颖　刘世洪　主编

中国农业科学技术出版社

图书在版编目(CIP)数据

玉米绿色生产技术 / 刘喜霞，张颖，刘世洪主编 . --北京：中国农业科学技术出版社，2023. 6

ISBN 978-7-5116-6303-0

Ⅰ. ①玉…　Ⅱ. ①刘…②张…③刘…　Ⅲ. ①玉米-栽培技术-无污染技术　Ⅳ. ①S513

中国国家版本馆 CIP 数据核字(2023)第 104009 号

责任编辑　申　艳
责任校对　王　彦
责任印制　姜义伟　王思文

出 版 者　中国农业科学技术出版社
北京市中关村南大街 12 号　邮编：100081
电　　话　(010) 82106636 (编辑室)　(010) 82109702 (发行部)
(010) 82109709 (读者服务部)
网　　址　https://castp.caas.cn
经 销 者　各地新华书店
印 刷 者　北京中科印刷有限公司
开　　本　140 mm×203 mm　1/32
印　　张　5. 375
字　　数　130 千字
版　　次　2023 年 6 月第 1 版　2023 年 6 月第 1 次印刷
定　　价　35. 00 元

《玉米绿色生产技术》

编 委 会

主　编： 刘喜霞　张　颖　刘世洪

副主编： 史绪梅　王　琳　许　可　薛媛媛
杨义宁　朴　昊　项　生　杨春梅
高文俊　张　丽　王登云　王应秀
崔丽鑫　王　晶　王俊荣　孔丰丽

前　言

玉米是我国重要的粮食作物和饲料作物，在我国农业生产中占有重要地位。大力发展玉米生产对保障国家粮食安全具有重要战略意义。

近年来，由于管理水平的提高和科技的进步，我国玉米生产迅速发展，种植面积逐渐扩大，产量不断提高。与此同时，随着现代农业高质量发展的推进，玉米在种植过程中也面临着一些问题，如翻土不彻底、种植密度不合理、施肥不科学、抗病虫害能力较弱等，严重影响了玉米的产量和品质。

本书基于当前玉米生产中存在的问题，结合玉米绿色生产的最新技术，按照玉米生产的常规流程进行编写。主要内容包括玉米生物学特性、玉米品种选择与种子处理、玉米整地播种、玉米田间管理、玉米病虫草害绿色防治技术、玉米气象灾害应对技术、玉米机械化收获。本书内容丰富、语言通俗，具有较强的可读性和实用性。

由于编写时间仓促，加上编者水平有限，书中难免存在不足之处，欢迎广大读者批评指正！

编　者

2023 年 4 月

目　　录

第一章　玉米生物学特性

第一节　玉米的形态特征

玉米属于禾本科玉米属的一年生草本植物。它的植株形态特征如图 1-1 所示。

一、根

玉米根系属于须根系。根据发生时期和着生部位不同分初生根、次生根和支持根 3 种。

(一) 初生根

初生根是种子萌发时，种根伸出成主根，1~3 天后又在胚轴下面长出 3~5 条侧胚根，组成初生根系，为幼苗期的主要吸收器官。

(二) 次生根

从地下茎节上长出的根，为玉米一生的主要根系。一般为 4~6 层，多达 8~9 层。

(三) 支持根

支持根又称气生根。玉米抽穗

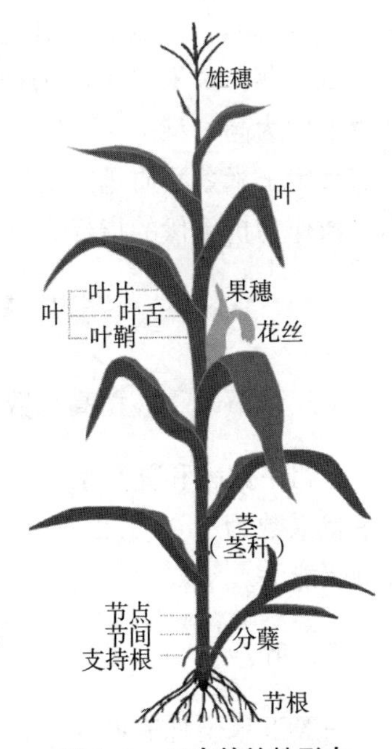

图 1-1　玉米的植株形态

前从靠近地面 1~3 节的茎节处长出，一般为 2~3 层。支持根粗壮，分枝多，吸收、抗倒伏能力强，入土后与次生根具有相同的作用。

二、茎

玉米株高 1.0~4.5 米，茎秆呈圆筒形，髓部充实而疏松，富含水分和营养物质。玉米茎由节和节间组成，茎节数为 12~22 个，其中茎基部 4~6 节密集在一起，一般生育期越长茎节数越多，早熟品种茎节数少。

玉米除上部 4~6 节外，其余叶腋中都能形成腋芽。地上部的腋芽通常只有最上部的 1~2 个能发育成果穗。地下部的腋芽可发育成分蘖，一般不结穗，栽培上要求及早除去。

玉米茎秆 2 米以下的为矮秆型，2~2.5 米的为中秆型，2.5 米以上的为高秆型。

评定玉米茎秆质量的指标很多，在生产上常用茎粗系数与穗高系数作为抗倒伏的指标。

$$\text{茎粗系数}=\frac{\text{茎粗}}{\text{株高}}\times 100 \tag{1-1}$$

$$\text{穗高系数}=\frac{\text{穗位高}}{\text{株高}}\times 100 \tag{1-2}$$

茎粗系数大和穗高系数小的植株抗倒伏能力强。一般来说，当茎粗系数为 1.0~1.2、穗高系数为 40 左右时，玉米有较高的抗倒伏能力。

三、叶

一般玉米全株有叶 15~22 片，不同品种间的叶片数差别较大，一般早熟种 12~16 片、中熟种 17~20 片、晚熟种 20 片

以上。

玉米叶由叶片、叶鞘和叶舌组成。叶身宽而长，叶缘常呈波浪形。叶鞘厚而坚硬，紧包茎秆，与叶身连接处有叶舌，也有不具有叶舌的变种。玉米某叶露出下位叶环以上且外表可见1厘米长时称为可见叶，上下叶环平齐时称为展开叶。

四、花

玉米是雌雄同株异花作物，天然杂交率一般在95%以上，为异花授粉作物。

（一）雄穗

雄穗着生在植株顶端，雄花序由主轴、分枝、小穗和小花组成。每个小穗有2朵雄花，每朵花有3个雄蕊，成熟小花花丝伸长，花药散粉，即为开花。

（二）雌穗

雌穗由茎顶往下第5~7个节上的腋芽发育而成，受精结实后发育成果穗。果穗着生在穗柄顶端，穗柄是缩短的茎秆，有多个密集的节和节间，每个节上着生1片由变态叶鞘形成的苞叶。雌穗周围成对着生许多无柄雌小穗，每一小穗有2个短而宽的颖片和2朵小花，其中1朵退化，失去受精能力，为不孕小花。果穗上成对排列着小穗花，由于1朵花退化，1朵花结实，故果穗行为偶数。小穗花的花柱和柱头细长，合称花丝，黄色、浅红色或紫红色，其上密生茸毛，能接受花粉。

雄穗开花一般比雌穗吐丝早3~5天。

五、种子

玉米的种子也就是植物学上的颖果，颜色有黄色、白色、紫色、红色等。生产上栽培的玉米种子以黄色和白色居多。玉米的种子由种皮、胚乳和胚3个主要部分组成，它们分别占种子总质量的6%~8%、80%~85%和10%~15%。

种皮位于种子的最外层，主要作用是保护种子。胚乳位于种皮内，是籽粒能量的贮存场所，含有丰富的淀粉等。特用玉米的胚乳成分异于普通玉米，如甜玉米胚乳中可溶性糖分增加，糯玉米胚乳中淀粉全部由支链淀粉组成。

胚位于种子一侧的基部，由胚芽、胚轴、胚根、子叶组成，其实质就是尚未成长的幼小植株。胚芽的外面为胚芽鞘，有保护幼苗出土的作用。胚芽鞘内包裹着几个普通的叶原基和顶端分生组织，将来发育成茎叶。胚的下端为胚根，发芽后形成初生根。

第二节　玉米的生长发育

一、玉米的一生

从玉米播种到新的种子成熟，叫作玉米的一生。在玉米的一生中，按形态特征、生育特点和生理特性，可分为3个不同的生育阶段。

（一）苗期

玉米从播种至拔节的这段时间，称为苗期。苗期是以生根、分化茎叶为主的营养生长阶段。这个时期根系发育较快，但地上部茎、叶量的增长比较缓慢。

（二）穗期

玉米从拔节至抽雄的这段时间，称为穗期。这个时期营养生长和生殖生长同时进行，也就是叶片、茎节等营养器官旺盛生长和雌穗、雄穗等生殖器官强烈分化与形成同时进行，是玉米一生中生长发育最旺盛的阶段，也是田间管理最关键的时期。

（三）花粒期

玉米从抽雄至成熟的这段时间，称为花粒期。这个时期营养体基本停止增长，进入以生殖生长为中心的阶段。

二、玉米的生育期和生育时期

（一）生育期

玉米从播种至成熟的天数，其长短因品种、播种期和温度而异，一般早熟品种或在播种晚和温度高的情况下生育期短，反之则长。

（二）生育时期

在玉米的一生中，由于自身量变和质变的结果及环境变化的影响，不论其外部形态特征还是内部生理特性，均发生不同的阶段性变化，这些阶段性变化称为生育时期。玉米的一生可以划分为 12 个生育时期，各生育时期鉴定标准（全田 50%以上植株达标）如下。

（1）出苗期　幼苗出土高约 2 厘米。

（2）三叶期　植株第三叶露出叶心 2~3 厘米。

（3）拔节期　植株雄穗伸长，茎节总长度达 2~3 厘米，叶龄指数为 30 左右。

$$\text{叶龄指数}=\frac{\text{主茎叶龄（展开叶片数）}}{\text{主茎总叶片数}}\times 100 \qquad (1\text{-}3)$$

（4）小喇叭口期　雌穗伸长，雄穗进入小花分化期，叶龄指数为 46 左右。

（5）大喇叭口期　雌穗进入小花分化期，雄穗进入四分体时期，叶龄指数为 60 左右，棒三叶甩开呈喇叭口状。

（6）抽雄期　雄穗尖端露出顶叶 3~5 厘米。

（7）开花期　雄穗开始散粉。

（8）抽丝期　雌穗的花丝从苞叶中伸出 2 厘米左右。

（9）籽粒形成期　果穗中部籽粒体基本建成，胚乳呈清浆状，亦称灌浆期。

（10）乳熟期　果穗中部籽粒干重迅速增加并基本形成，胚乳呈乳状后至糊状。

（11）蜡熟期　果穗中部籽粒干重接近最大值，胚乳呈蜡状，用指甲可以划破。

（12）完熟期　籽粒干硬，籽粒基部出现黑色层，乳线消失，并呈现品种固有的颜色和光泽。

三、玉米生长对环境条件的要求

玉米生长发育所需的主要环境条件有温度、光照、水分、土壤及矿物养分等。了解玉米生长发育与环境因素的关系，是运用农业措施调整植株生长，培育壮苗，实现高产、优质、低耗的重要依据。

（一）温度

玉米是喜温作物，在不同生育时期，均要求较高的温度。玉米种子萌发的最低温度为 6～8℃，但是在这种温度下，发芽缓慢，吸胀时间拖延很长，因此种子易发霉；玉米在 10～12℃条件下发芽相当迅速整齐，因此，生产上往往把这个温度范围作为确定播种期的重要参考；最适温度 25～35℃，最高温度 40～45℃。幼苗期耐低温能力较强，但温度低于 3℃则受冻害。抽穗开花期对温度反应敏感，低于 18℃或高于 30℃均对开花受精不利，容易产生缺粒和空苞现象。结实成熟期日均温高于 26℃，温度低于 16℃则影响有机物质的运转和积累而使粒重显著降低。

（二）光照

玉米属短日照、高光效、碳四作物。在短日照条件下发育较

快，长日照条件下发育缓慢。一般在每天 8~9 小时光照条件下发育提前，生育期缩短；在长日照（18 小时以上）条件下，发育滞后，成熟期略有推迟。早熟品种对光周期反应较弱，晚熟品种反应较强。如果玉米出苗后长期处于短日照条件下，就会植株矮小，提早抽雄开花而降低产量，并常会出现雄穗上长雌花的现象，干旱和短日照共同作用下这种现象更加明显。温带品种引入热带也会出现这种情况。反之，如果玉米出苗后长期处在长日照条件下，就会植株高大，茎叶繁茂，叶片数增多，抽雄开花期推迟，甚至不能开花。热带品种引入温带种植也会出现这种情况。

光是进行光合作用的能源，通过有机物质的合成，其供应量影响玉米植株的生长状况。在强光照条件下，可以合成较多的光合产物，供应各器官生长发育，植株茎秆粗壮坚实，叶片肥厚挺拔。玉米需光量较大，光饱和点在 100 000 勒克斯以上，光补偿点为 500~1 500 勒克斯。在此范围内，光合作用强度随光照强度的增加而增加。光照强度如低于光补偿点，则合成的有机养分少于呼吸消耗量，导致入不敷出、植株生长停滞。

玉米不同生育时期对光照时数的要求有差异，播种前至乳熟期为 8~10 小时，乳熟期至完熟期应大于 9 小时。雌穗发育比雄穗对日照长度的要求更严格，许多低纬度品种引进到高纬度地区种植能够抽雄，但雌穗不能抽丝。玉米籽粒积累的干物质 90%左右是植株在扬花以后制造的。

（三）水分

水分是决定玉米生命活动的原生质的重要成分（原生质80%是水）。有了水玉米叶片才能进行光合作用，制造各种有机物质，根系才能从土壤中吸收氮、磷、钾等矿质元素。矿质元素在植株内运转、分配和合成有机物质的过程，都必须在水分充足的条件下才能正常进行。水分还可以通过叶面蒸腾来调节植株的体温，玉米的蒸腾系数一般为250~320，即制造1千克干物质需耗水0.25~0.32米^3，生产1千克玉米籽粒要耗水0.664米^3。1株春玉米1个生长周期的耗水量为200~240米^3，1株夏玉米1个生长周期的耗水量为120~240米^3。

玉米种子萌发时，全部膨胀需要的水量占种子绝对重量的48%~50%，土壤含水量应在田间持水量的60%左右。玉米播种出苗最适宜的土壤含水量为田间持水量的65%~70%，低于50%时出苗就困难。出苗到拔节保持在田间持水量的60%左右，有利于促进根系生长发育、茎秆粗壮。玉米抽雄前10天至抽雄后20天，是玉米需水的临界期，此期土壤含水量一般保持在田间持水量的75%~80%，玉米高产田应达到80%，若低于60%，就会因干旱而不能正常抽雄散粉或吐丝，造成严重减产。乳熟末期到蜡熟期，应保持在田间持水量的75%左右。玉米受精后的灌浆期大量的干物质向籽粒运输，同样需要较多的水分。蜡熟期至完熟期需水量虽减少，为防止植株早衰，土壤含水量也应保持在田间持水量的65%左右，不能低于45%，这样才能确保穗大、粒多、粒饱。

（四）土壤

土壤是玉米扎根生长的场所，为植株根系生长发育提供水分、空气及矿物营养。

玉米对土壤空气的要求比较高，适宜土壤空气容量一般为30%，是小麦的1.5~2.0倍；土壤空气最适含氧量为10%~15%。因而，土层深厚，结构良好，肥、水、气、热等因素协调的土壤，有利于玉米根系的生长和对肥水的吸收，因而根系发达、健壮，达到高产稳产。据研究，砂壤土、中壤土和壤土容重比黏土低，总孔隙度和毛管孔隙度大，通气性好，玉米根系条数、根干重、单株叶面积、穗粒数和千粒重都比黏土高。

玉米对土壤酸碱度（pH 值）的适应范围为 5.0~8.0，pH 值以 6.5~7.0 最适宜。

(五) 矿物养分

玉米生长所需的营养元素有 20 多种。其中，氮、磷、钾 3 种属大量元素；钙、镁、硫 3 种属中量元素；锌、锰、铜、钼、铁、硼以及铝、钴、氯、钠、锡、铅、银、硅、铬、钡、锶等属微量元素。玉米植株体内所需的多种元素，各具特长，同等重要，彼此制约，相互促进。

玉米所需的矿物养分主要来自土壤和肥料，土壤有机质含量及供肥能力与玉米产量密切相关，玉米吸收的矿物养分 60%~80%来自土壤，20%~40%从当季施用的肥料中吸收。

第三节　玉米的基本类型

一、根据玉米的株型分类

可分为紧凑型玉米、半紧凑型玉米和平展型玉米。

(一) 紧凑型玉米

该类型玉米的植株形态紧凑，穗位以上叶片直立上冲，叶片与茎秆之间的夹角小于 20°，叶姿上举直立；穗位以下叶片与茎秆之间的夹角小于 35°。植株上部叶片短，中部叶片长，下部叶片较短。

(二) 半紧凑型玉米

该类型玉米的植株形态比较紧凑，穗位以上叶片上举直立，叶片与茎秆之间的夹角为 25°~35°，叶姿较直立上举；穗位以下叶片与茎秆之间的夹角为 35°~50°，叶姿较平展。

(三) 平展型玉米

该类型玉米的植株形态比较松散，穗位以上叶片与茎秆之间的夹角大于35°，叶尖下垂，叶片呈拱形；穗位以下叶片与茎秆之间的夹角大于50°，叶姿平展下垂。

二、根据玉米的粒色分类

可分为以下4种类型。

（一）黄玉米

黄玉米指种皮为黄色的玉米，包括略带红色的玉米。一般黄玉米中其他颜色玉米含量不超过5%。

（二）白玉米

白玉米指种皮为白色的玉米，包括略带淡黄色或粉红色的玉米。一般将淡黄色表述为浅稻草色，且白玉米中其他颜色玉米含量不超过2%。

（三）黑玉米

黑玉米是玉米的一种特殊类型，其籽粒角质层可以不同程度地沉淀黑色素，外观乌黑发亮。

（四）杂色玉米

杂色玉米是指混入本类以外玉米量超过5%的玉米。

三、根据玉米的用途分类

可分为普通玉米和特用玉米。其中，特用玉米又主要分为以下8种。

（一）甜玉米

甜玉米又称水果玉米，通常分为普通甜玉米、加强甜玉米和超甜玉米。甜玉米对生产技术和采收期的要求比较严格，且货架寿命短。

（二）糯玉米

糯玉米淀粉为支链淀粉，蛋白质含量高，有不同花色。它的

生产技术比甜玉米简单得多，与普通玉米相比几乎没有什么特殊要求，采收期比较灵活，货架寿命也比较长，不需要特殊的贮藏、加工条件。糯玉米除鲜食外，还是淀粉加工业的重要原料。我国糯玉米的育种和生产发展非常快。

（三）爆裂玉米

爆裂玉米的果穗和籽实均较小，籽粒几乎全为角质淀粉，质地坚硬。粒色为白色、黄色、紫色或有红色斑纹。有麦粒型和珍珠型两种。籽粒含水量适当时加热，能爆裂成大于原体积几十倍的爆米花。籽粒主要用作爆制膨化食品。

（四）高油玉米

高油玉米含油量较高，一般可达7%～10%，有的可达20%。油中亚油酸和油酸等不饱和脂肪酸的含量达到80%，具有降低血清中的胆固醇、软化血管的作用。

（五）高淀粉玉米

广义上的高淀粉玉米泛指淀粉含量高的玉米品种，根据淀粉的性质又可划分为高直链淀粉玉米和高支链淀粉玉米2种。生产上普通玉米的淀粉含量一般为60%～69%，目前将淀粉含量超过74%的品种视为高淀粉玉米。

（六）青饲玉米

青饲玉米是指采收青绿玉米茎叶和果穗作饲料的一类玉米。青饲玉米可分为2类：一类是分蘖多穗型；另一类是单秆大穗型。青饲玉米绿色生物产量每亩①在4 000千克以上，在收割时青穗占全株鲜重的比例不低于25%。青饲玉米茎叶柔嫩多汁、营养丰富，尤其经过微贮发酵以后成为青饲青贮玉米，适口性更好，利用转化率更高，是畜禽的优质饲料来源。随着畜牧养殖业

① 1亩≈667米^2。全书同。

的不断发展和一些高产优质青饲品种的出现，青饲玉米生产有了明显改善，并逐渐成为玉米种植业的一个主导方向。

（七）高赖氨酸玉米

高赖氨酸玉米胚乳中的赖氨酸含量高，比普通玉米高 80%～100%，产量不低于普通玉米。

（八）笋玉米

笋玉米是指以采收幼嫩果穗为目的的玉米。这种玉米吐丝授粉前的幼嫩果穗下粗上尖，形似竹笋，故名笋玉米。笋玉米以籽粒尚未隆起的幼嫩果穗供食用。与甜玉米不同的是，笋玉米是连籽带穗一同食用，甜玉米只食其嫩籽而不食其穗。

四、根据玉米籽粒的形态、胚乳的结构以及颖壳的有无分类

可分为以下 9 种类型。

（一）硬粒型

硬粒型也称燧石型。籽粒多为方圆形，顶部及四周胚乳都是角质，仅中心近胚部分为粉质，故外表半透明、有光泽、坚硬饱满。粒色多为黄色，间或有黄色、白色、红色、紫色等色。籽粒品质好，是我国长期以来栽培较多的类型，主要作食粮用。

（二）马齿型

马齿型又叫马牙型。籽粒扁平，呈长方形，由于顶部的粉质比两侧角质干燥得快，所以顶部的中间下凹，形似马齿，故名。籽粒表皮皱纹粗糙不透明，多为黄色、白色，少数呈紫色或红色，食用品质较差。马齿型玉米是我国栽培最多的一种类型，适宜制造淀粉和酒精或作饲料。

（三）半马齿型

半马齿型也叫中间型。它是由硬粒型和马齿型玉米杂交而来。籽粒顶端凹陷较马齿型浅，有的不凹陷仅呈白色斑点状。顶

部的粉质胚乳较马齿型少但比硬粒型多，品质较马齿型好，在我国栽培较多。

（四）粉质型

粉质型又名软质型。胚乳全部为粉质，籽粒呈乳白色，无光泽。只能作为制取淀粉的原料，在我国很少栽培。

（五）甜质型

甜质型亦称甜玉米。胚乳多为角质，含糖分多，含淀粉较少，因成熟时水分蒸发使籽粒表面皱缩，呈半透明状。多作为蔬菜用，我国各地已广泛种植。

（六）甜粉型

甜粉型玉米籽粒上半部为角质胚乳，下半部为粉质胚乳。在我国很少栽培。

（七）蜡质型

蜡质型又名糯质型。籽粒胚乳全部为角质，但不透明而且呈蜡状，胚乳几乎全部由支链淀粉组成。食性似糯米，黏柔适口。我国只有零星栽培。

（八）爆裂型

爆裂型玉米籽粒较小，呈米粒形或珍珠形，胚乳几乎全部是角质，质地坚硬透明，种皮多为白色或红色。尤其适宜加工爆米花等膨化食品。在我国有零星栽培。

（九）有稃型

有稃型玉米籽粒被较长的稃壳包裹，籽粒坚硬，难脱粒，是一种原始类型，无栽培价值。

第二章　玉米品种选择与种子处理

第一节　玉米品种选择

一、玉米品种选择的方法

（一）根据热量资源条件选种

一般情况，生长期长的玉米品种丰产性能好、增产潜力大，当地的热量和生长期要符合品种完全成熟的需要。所以，选择玉米品种，既要保证玉米正常成熟，又不能影响下茬作物适时播种。地势与地温有关，岗地温度高，宜选择生育期长的晚熟品种或者中晚熟品种；平地适宜选择中晚熟品种；洼地宜选择中早熟品种。

（二）根据生产管理条件选种

玉米品种的丰产潜力与生产管理条件有关，产量潜力高的品种需要好的生产管理条件，生产潜力较低的品种，需要的生产管理条件也相对较低。因此，在生产管理水平较高，且土壤肥沃、水源充足的地区，可选择产量潜力高、增产潜力大的玉米品种。反之，应选择生产潜力稍低但稳定性能较好的品种。

（三）根据前茬种植选种

玉米的增产增收与前茬种植有直接关系。若前茬种植的是大豆，土壤肥力则较好，宜选择高产品种；若前茬种植的是玉米，

且生长良好、丰产，可继续选种原来种植的品种；若前茬玉米感染某种病害，选种时应避开易染此病的品种。另外，同一个品种不能在同一地块连续种植三四年，否则会出现土地贫瘠、品种退化现象。

（四）根据种子外观选种

玉米品种的纯度和质量直接影响到玉米产量。选用高质量品种是实现玉米高产的有力保证。优质的种子包装袋为一次封口，有种子公司的名称和详细的地址、电话；种子标签注明的生产日期、纯度、净度、水分、萌芽率明确；种子的形状、大小和色泽整齐一致。

（五）根据降水和积温选种

根据经验，上年冬季降雪量小，冬季不冷，翌年夏季降水会比较多，积温不会高，种生长期过长的品种，积温不够，往往影响成熟。反之，上年冬季降雪量大，冬季很冷，翌年夏季降水一般偏少，积温偏高，宜选择抗旱性能强的品种，洼地可以选择中晚熟品种。

二、玉米优良品种简介

2023 年，农业农村部发布《国家农作物优良品种推广目录（2023 年）》，重点推介了 10 种农作物 241 个优良品种。其中，推介的玉米优良品种有 32 个，涉及骨干型品种 11 个、成长型品种 8 个、苗头型品种 8 个、特专型品种 5 个。

（一）骨干型品种

骨干型品种是审定（登记）推广 5 年以上，主要粮棉油品种在适宜生态区连续 3 年推广面积进入前 10 位，重点蔬菜品种连续 3 年推广面积进入全国前 5 位。

1. 郑单 958

品种特点：产量高，适应性广，品质好，抗性好。

特征特性：黄淮海夏玉米区生育期96天左右。幼苗叶鞘紫色，株型紧凑，株高246.0厘米，穗位高110.0厘米，雄穗分枝中等，分枝与主轴夹角小。果穗筒形，穗轴白色，果穗长16.9厘米，穗行数14~16行，行粒数35粒左右。籽粒黄色、半马齿型，百粒重30.7克，出籽率88%~90%。黄淮海夏玉米区域试验，平均亩产580.6千克，比对照品种增产16.5%；生产试验平均亩产587.1千克，多地比对照品种增产7.0%以上。籽粒容重767克/升，淀粉含量75.42%，蛋白质含量10.54%。高抗玉米螟，中抗大斑病、灰斑病、丝黑穗病、茎腐病和弯孢菌叶斑病。

适宜推广区域：适宜在黄淮海夏玉米区河南、山东、河北保定和沧州南部及其以南地区，陕西关中灌区，山西运城和临汾，晋城部分平川地区、江苏和安徽两省淮河以北地区、湖北襄阳地区种植。北京、天津、山西中晚熟区，内蒙古赤峰和通辽，辽宁中晚熟区（丹东除外），吉林中晚熟区，陕西延安和河北承德、张家口、唐山春播种植。

2. 先玉335

品种特点：产量高，品质好，抗病性好。

特征特性：东华北地区从出苗至成熟127天，需有效积温2 750℃左右。幼苗叶鞘紫色，叶片绿色，叶缘绿色，花药粉红色，颖壳绿色。株型紧凑，株高320.0厘米，穗位高110.0厘米，成株叶片数19片。花丝紫色，果穗筒形，穗长20厘米，穗行数14~16行，穗轴红色，籽粒黄色、半马齿型，百粒重39.3克。区域试验中平均倒伏（折）率3.9%。东华北春玉米区域试验平均亩产763.4千克，比对照品种增产18.6%；生产试验平均亩产761.3千克，比对照品种增产20.9%。籽粒容重776克/升，粗蛋白质含量10.91%，粗脂肪含量4.01%。高抗瘤黑粉病，抗灰斑病、纹枯病。

适宜推广区域：适宜在黑龙江第一积温带上限种植。北京、天津、辽宁、吉林、河北北部、山西、内蒙古赤峰和通辽、陕西延安等东华北中晚熟春玉米区种植，注意防治丝黑穗病。北疆及南疆晚熟区、宁夏引扬黄灌区、内蒙古巴彦淖尔、甘肃中晚熟西北春玉米区种植，茎腐病高发区谨慎种植。河南、河北、山东、陕西、安徽、山西运城等黄淮海夏播玉米区种植，大斑病、小斑病、矮花叶病、玉米螟高发区慎用。云南海拔 1 700~2 400 米地区种植。

3. 京科 968

品种特点：产量高，抗逆性好，抗性好。

特征特性：东华北中晚熟春玉米区从出苗至成熟 128 天，幼苗叶鞘淡紫色，叶片绿色，叶缘淡紫色，花药淡紫色，颖壳淡紫色。株型半紧凑，株高 296.0 厘米，穗位高 120.0 厘米，成株叶片数 19 片。花丝红色，果穗筒形，穗长 18.6 厘米，穗行数 16~18 行，穗轴白色，籽粒黄色、半马齿型，百粒重 39.5 克。东华北中晚熟春玉米区域试验平均亩产 771.1 千克，比对照品种增产 7.1%；生产试验平均亩产 716.3 千克，比对照品种增产 10.5%。容重 767 克/升，淀粉含量 75.42%，蛋白质含量 10.54%。高抗玉米螟，中抗大斑病、灰斑病、丝黑穗病、茎腐病和弯孢菌叶斑病。

适宜推广区域：适宜在北京、天津、山西中晚熟区，内蒙古赤峰和通辽、辽宁中晚熟区（丹东除外）、吉林中晚熟区、陕西延安和河北承德、张家口、唐山地区春播种植。

4. 登海 605

品种特点：高抗倒伏，适应性广，抗逆性强，高产稳产。

特征特性：在黄淮海地区从出苗至成熟 101 天，需有效积温 2 550℃左右。幼苗叶鞘紫色，叶片绿色，叶缘绿色带紫色，花药黄绿色，颖壳浅紫色。株型紧凑，株高259.0厘米，穗位高99.0厘米，成株叶片数19~20片。花丝浅紫色，果穗长筒形，穗长18.0厘米，穗行数16~18行，穗轴红色，籽粒黄色、马齿型，百粒重34.4克。黄淮海夏玉米区域试验平均亩产659.0千克，比对照品种增产5.3%；生产试验平均亩产614.9千克，比对照品种增产5.5%。籽粒容重766克/升，粗蛋白质含量9.35%，粗脂肪含量3.76%，粗淀粉含量73.40%，赖氨酸含量0.31%。高抗茎腐病。

适宜推广区域：适宜在山东、河南、河北中南部、安徽北部、江苏淮北地区种植；甘肃河西、中部、陇东及清水等地玉米丝黑穗病、大斑病和矮花叶病非流行区种植；宁夏引扬黄灌区≥10℃有效积温2 800℃以上地区春播单种；山西春播中晚熟玉米区和运城地区夏播种植、陕西春播种植；内蒙古巴彦淖尔、赤峰、通辽≥10℃活动积温2 900℃以上适宜区种植；新疆阜康以西至博乐以东地区、北疆沿天山地区、伊犁西部平原地区种植；吉林中晚熟区≥10℃活动积温在2 600℃以上的地区种植；辽宁除东部山区和大连、东港以外的大部分地区种植。

5. 德美亚1号

品种特点：产量高，抗逆性好，品质好，脱水快。

特征特性：在适宜种植区生育期110天左右，从出苗至成熟需活动积温2 100℃左右。幼苗出苗快，茎秆紫色，株型半收敛。花药黄色，花丝淡绿色。成株株高240.0厘米，穗位高80.0厘米。果穗锥形，穗长18.0~20.0厘米，穗行数14行，籽粒硬粒型，百粒重30.0克。黑龙江区域试验平均亩产570.1千克，比对照品种增产17.4%；生产试验平均亩产475.3千克，比对照品种增产16.8%。籽粒容重780克/升，粗蛋白质含量9.06%~9.11%、粗脂肪含量4.17%~5.17%、淀粉含量72.28%~

74.12%、赖氨酸含量0.24%~0.29%。

适宜推广区域：适宜在黑龙江第四积温带上限、吉林延边玉米早熟区、内蒙古≥10℃活动积温2 200℃以上地区、河北承德北部春播区、四川高寒玉米种植区春播种植。

6. 德美亚3号

品种特点：产量高，抗逆性好，品质好，脱水快。

特征特性：在适宜种植区生育期为118天左右，需≥10℃活动积温2 320℃左右。幼苗期第一叶鞘紫色，叶片绿色，茎绿色，成株可见14片叶，株高297.0厘米，穗位高87.0厘米。果穗圆柱形，穗轴白色，穗长19.0厘米，穗粗4.6厘米，穗行数12~14行，籽粒黄色、马齿型，百粒重34.2克。黑龙江生产试验平均亩产599.8千克，比对照品种增产17.7%。籽粒容重733~767克/升，粗淀粉含量72.37%~73.19%，粗蛋白质含量11.07%~11.16%，粗脂肪含量3.05%~3.13%。

适宜推广区域：适宜在黑龙江第二积温带下限、第三积温带上限，吉林延边、白山玉米早熟区种植。

7. 和育187

品种特点：产量高，品质好。

特征特性：从出苗至成熟126天。幼苗叶鞘紫色，叶片绿色，叶缘紫色，花药浅紫色，颖壳绿色。株型半紧凑，株高282.0厘米，穗位高102.9厘米，成株叶片数18片。花丝绿色，果穗筒形，穗长20.9厘米，穗行数14~16行，穗轴红色，籽粒黄色，马齿型，百粒重40.6克。东北早熟春玉米区域试验平均亩产908.7千克，比对照品种增产10.8%；生产试验平均亩产857.0千克，比对照品种增产11.7%。籽粒容重759克/升，粗蛋白质含量8.16%，粗脂肪含量4.43%，粗淀粉含量74.66%，赖氨酸含量0.26%。

适宜推广区域：适宜在黑龙江第二积温带，吉林延边、白山的部分地区，通化、吉林的东部，内蒙古中东部的呼伦贝尔扎兰屯市南部、兴安中北部、通辽扎鲁特旗中部、赤峰中北部、乌兰察布前山、呼和浩特北部、包头北部早熟区等东北早熟春玉米区种植；北疆中熟玉米区域种植；宁夏南部山区海拔 1 800 米以下地区种植；山西北部大同、朔州盆地区和中部及东南部丘陵区种植。

8. 苏玉 29

品种特点：产量高，抗逆性好，品质优。

特征特性：东南春玉米区从出苗至成熟 102 天，幼苗叶鞘紫色，叶片绿色，花药红色，颖壳红色。株型紧凑，株高 230. 0 厘米，穗位高 95. 0 厘米，成株叶片数 19 片。花丝青到淡红色，果穗长筒形，穗长 18. 0 厘米，穗行数 14~16 行，穗轴白色，籽粒黄色、半马齿型，百粒重 28. 7 克。东南春玉米区域试验平均亩产 461. 5 千克，比对照品种增产 11.5%；生产试验平均亩产 482. 7 千克，比对照品种增产 4. 7%。籽粒容重 724 克/升，淀粉含量 69. 62%，蛋白质含量 9. 58%，脂肪含量 3. 17%，赖氨酸含量 0. 31%。

适宜推广区域：适宜在江苏、安徽春播、夏播种植和江西、福建春播种植。

9. 京农科 728

品种特点：高产稳产，适宜机械化。

特征特性：黄淮海夏玉米区从出苗至成熟 100 天左右。幼苗叶鞘深紫色，叶片绿色，花药淡紫色，花丝淡红色，颖壳绿色，成株株型紧凑，总叶片数 19~20 片，株高 274. 0 厘米，穗位高 105. 0 厘米，雄穗一级分支 5~9 个。果穗筒形，穗轴红色，穗长 17. 5 厘米，穗粗 4. 8 厘米，穗行数 14 行，出籽率 86. 1%。籽粒

黄色、半马齿型，百粒重 31.5 克。国家玉米良种攻关黄淮海夏玉米机收组区域试验平均亩产 569.8 千克，比对照品种增产 9.9%；生产试验平均亩产 551.5 千克，比对照品种增产 8.5%。适收期籽粒含水量 26.6%。抗倒性（倒伏、倒折率之和≤5.0%）达标点比例 83.0%。籽粒容重 782 克/升，粗蛋白质含量 10.86%。

适宜推广区域：适宜在黄淮海夏玉米区的河南、山东、河北保定和沧州的南部及以南地区、陕西关中灌区、山西运城和临汾、晋城部分平川地区、江苏和安徽两省淮河以北地区、湖北襄阳地区及京津冀地区种植。

10. 中单 808

品种特点：产量高，抗性好，品质好。

特征特性：在西南地区从出苗至成熟 114 天，幼苗叶鞘紫色，叶片深绿色，叶缘绿色，花药黄色，颖壳黄色。株型半紧凑，株高 260.0~300.0 厘米，穗位高 120.0~140.0 厘米，成株叶片数 20 片。花丝绿色，果穗筒形，穗长 20.0 厘米，穗行数 14~16 行，穗轴红色，籽粒黄色、半马齿型，百粒重 32.8~40.0 克。西南玉米区域试验，平均亩产 632.8 千克，比对照品种增产 19.6%；生产试验平均亩产 571.3 千克，比对照品种增产 17.9%。籽粒容重 752 克/升，粗蛋白质含量 10.73%，粗脂肪含量 4.68%，粗淀粉含量 74.20%，赖氨酸含量 0.30%。抗茎腐病，中抗大斑病、小斑病、纹枯病。

适宜推广区域：适宜在四川、重庆海拔 900 米以下地区，云南、湖南、湖北恩施海拔 1 200 米以下地区，贵州铜仁海拔 1 100 米以下地区，遵义、黔东南、黔南、毕节地区，广西中北部春播种植。

11. 正大 808

品种特点：产量高，品质好，抗性好。

特征特性：生育期春播平均 111 天，秋播平均 103 天，株型半紧凑，株高 281.0 厘米，穗位高 117.0 厘米，穗筒形，籽粒黄色、半马齿型，穗轴白色，穗长 17.7 厘米，穗粗 5.4 厘米，秃顶长 2.2 厘米，穗行数 12～20 行，出籽率 82.2%，空秆率 1.8%，倒伏率 12.7%，倒折率 1.8%。区域试验平均亩产 505.0 千克，比对照品种增产 7.6%；生产试验平均亩产 460.0 千克，比对照品种平均增产 3.3%。田间调查大斑病平均 1.2 级，小斑病 1.2 级，纹枯病 12.9%，粒腐病 0.0%，茎腐病 0.2%，锈病平均 1.2 级。

适宜推广区域：适宜在广西全区、贵州低热河谷地区、云南海拔 1 000 米以下地区种植。

（二）成长型品种（8 个）

成长型品种是审定（登记）推广 3 年以上，在国家核心展示基地或省级展示评价中表现突出，推广面积上升快，在适宜生态区（粮棉油）或全国（重点蔬菜）推广面积进入前 30 位，有望成长为骨干型的品种。

1. 裕丰 303

品种特点：产量高，适宜粮饲兼用，品质好，抗性好。

特征特性：黄淮海夏玉米区从出苗至成熟 102 天，幼苗叶鞘紫色，叶片绿色，叶缘绿色，花药淡紫色，颖壳绿色。株型半紧凑，株高 270.0 厘米，穗位高 97.0 厘米，成株叶片数 20 片。花丝淡紫色到紫色，果穗筒形，穗长 17.0 厘米，穗行数 14～16 行，穗轴红色，籽粒黄色、半马齿型，百粒重 33.9 克。黄淮海夏玉米区域试验平均亩产 684.6 千克，比对照品种增产 4.7%；生产试验平均亩产 672.7 千克，比对照品种增产 5.6%。黄淮海夏播

贮玉米区域试验平均亩产（干重）1 393.6千克，比对照品种增产7.5%；生产试验平均亩产（干重）1 302.0千克，比对照品种增产8.3%。籽粒容重778克/升，粗蛋白质含量10.45%，淀粉含量72.70%，全株粗蛋白质含量8.85%，淀粉含量28.80%，中性洗涤纤维含量40.10%。中抗小斑病、弯孢菌叶斑病、南方锈病、茎腐病。

适宜推广区域：适宜在河南、山东、河北保定和沧州的南部及以南地区、陕西关中灌区、山西运城和临汾、晋城部分平川地区、江苏和安徽两省淮河以北地区、湖北襄阳地区夏播种植。

2. 中科玉505

品种特点：产量高，适宜粮饲兼用，品质好，抗性好。

特征特性：黄淮海夏玉米区从出苗至成熟103天，幼苗叶鞘紫色，叶片绿色，叶缘绿色，花药紫色，颖壳绿色。株型半紧凑，株高274.0厘米，穗位高102.0厘米，成株叶片数20~21片。花丝浅紫色，果穗筒形，穗长17.7厘米，穗行数14~16行，穗轴红色，籽粒黄色、马齿型，百粒重33.7克。黄淮海夏玉米区域试验平均亩产734.0千克，比对照品种增产8.0%；生产试验平均亩产676.8千克，比对照品种增产5.4%。黄淮海夏播青贮玉米区域试验平均亩产（干重）1 389.3千克，比对照品种增产7.2%；生产试验平均亩产（干重）1 273.1千克，比对照品种增产5.9%。籽粒容重763克/升，粗蛋白质含量9.9%，粗淀粉含量75.4%，全株粗蛋白质含量8.25%，淀粉含量27.6%，中性洗涤纤维含量41.2%。中抗小斑病、南方锈病。

适宜推广区域：适宜在河南、山东、河北保定和沧州的南部及以南地区、陕西关中灌区、山西运城和临汾、晋城部分平川地区、江苏和安徽两省淮河以北地区、湖北襄阳地区夏播种植。

3. 郑原玉 432

品种特点：高产早熟，矮秆耐密，宜机收。

特征特性：黄淮海夏玉米区从出苗至成熟 101 天。幼苗叶鞘紫色，叶片绿色，叶缘白色，花药紫色，颖壳绿色。株型半紧凑，株高 246.0 厘米，穗位高 91.0 厘米，成株叶片数 19 片左右。果穗筒形，穗长 16.7 厘米，穗行数 16~18 行，穗轴红色，籽粒黄色、半马齿型，百粒重 32.2 克。黄淮海夏玉米区域试验平均亩产 694.7 千克，比对照品种增产 4.6%；生产试验平均亩产 670.8 千克，比对照品种增产 2.0%。

适宜推广区域：适宜在黄淮海夏玉米区的河南、山东、河北、陕西关中灌区、山西运城和临汾、晋城部分平川地区、江苏和安徽两省淮河以北地区、湖北襄阳地区，北京和天津夏播区种植；东华北中早熟春玉米区的黑龙江第二积极温带，吉林延边、白山的部分地区，通化、吉林（市）的东部，内蒙古中东部的呼伦贝尔扎兰屯（市）南部、兴安中北部、通辽扎鲁特旗中部、赤峰中北部、乌兰察布前山、呼和浩特北部、包头北部早熟区种植；东华北中熟春玉米区的辽宁东部山区和辽北部分地区，吉林吉林（市）、白城、通化大部分地区，辽源、长春、松原部分地区，黑龙江第一积温带，内蒙古乌兰浩特、赤峰、通辽、呼和浩特、包头、巴彦淖尔、鄂尔多斯等部分地区种植。

4. 东单 1331

品种特点：产量高，抗逆性好，高抗倒伏，品质好，抗性好，粮饲通用。

特征特性：黄淮海夏玉米区从出苗至成熟 102 天。幼苗叶鞘紫色，叶片绿色，叶缘紫色，花药浅紫色，颖壳绿色。株型半紧凑，株高 250.0 厘米，穗位高 94.0 厘米，成株叶片数 19 片。果

穗筒形，穗长 22.0 厘米，穗行数 18 行，穗粗 5.0 厘米，穗轴红色，籽粒黄色、半马齿型，百粒重 35.4 克。黄淮海夏玉米区域试验平均亩产 674.8 千克，比对照品种增产 8.7%；生产试验平均亩产 652.1 千克，比对照品种增产 6.6%。籽粒容重 776 克/升，粗蛋白质含量 10.57%，粗脂肪含量 3.83%，粗淀粉含量 74.62%，赖氨酸含量 0.34%。高抗茎腐病，中抗穗腐病。

适宜推广区域：适宜在东华北春玉米区、黄淮海夏玉米区、西北春玉米区、西南春玉米区种植。

5. 优迪 919

品种特点：产量高，品质好。

特征特性：东华北中熟春玉米组从出苗至成熟 132 天。幼苗叶鞘紫色，叶片绿色，叶缘紫色，花药浅紫色，颖壳绿色。株型半紧凑，株高 322.0 厘米，穗位高 129.0 厘米，成株叶片数 20 片。果穗筒形，穗长 20.0 厘米，穗行数 16～18 行，穗粗 5.3 厘米，穗轴红色，籽粒黄色、马齿型，百粒重 38.8 克。东华北中熟春玉米区域试验平均亩产 906.9 千克，比对照品种增产 8.10%；生产试验平均亩产 768.0 千克，比对照品种增产 6.20%。籽粒容重 749 克/升，粗蛋白质含量 9.16%，粗脂肪含量 3.01%，粗淀粉含量 76.89%，赖氨酸含量 0.26%。

适宜推广区域：适宜在东华北中熟春玉米区的辽宁东部山区和辽北部分地区，吉林吉林（市）、白城、通化大部分地区，辽源、长春、松原部分地区，黑龙江第一积温带，内蒙古乌兰浩特、赤峰、通辽、呼和浩特、包头、巴彦淖尔、鄂尔多斯等部分地区，河北张家口坝下丘陵、河川中熟地区和承德中南部中熟地区，山西北部朔州盆地区种植。

6. 秋乐 368

品种特点：产量高，品质好，耐高温能力强。

特征特性：黄淮海夏播玉米区从出苗至成熟 103 天。株高 299.0 厘米，穗位高 109.0 厘米。幼苗叶鞘紫色，花丝紫色，花药浅紫色，株型半紧凑，果穗筒形，穗长 17.5 厘米，穗粗 5.0 厘米，穗行数 16 行左右，百粒重 35.7 克。黄淮海夏玉米区域试验平均亩产 749.8 千克，比对照品种增产 15.9%；生产试验平均亩产 674.0 千克，比对照品种增产 9.9%。籽粒容重 783 克/升，粗蛋白质含量 10.14%，粗淀粉含量 73.51%。中抗茎腐病。

适宜推广区域：适宜在河南、山东、河北保定和沧州的南部及以南地区，唐山、秦皇岛、廊坊、沧州北部、保定北部夏播区，北京、天津夏播区，陕西关中灌区，山西运城和临汾、晋城夏播区，安徽和江苏两省的淮河以北地区等黄淮海夏播玉米区种植。

7. 先达 901

品种特点：产量高，品质好。

特征特性：西南地区生育期 100 天。幼苗第一叶顶端圆形、叶鞘花青苷显色强。叶片弯曲程度弱、与茎秆夹角小。植株叶鞘花青苷显色无到极弱，株高矮，穗位高度矮。散粉期晚，雄穗颖片除基部外花青苷显色强、侧枝弯曲程度中、与主轴夹角小，雄穗最低位侧枝以上的主轴长度长到极长，最高位侧枝以上的主轴长度长、雄穗侧枝长度长、一级侧枝数目少，花药花青苷显色强、花丝花青苷显色中到强，植株茎秆“之”字形程度无到极弱，果穗穗柄长度极短，筒形穗，籽粒中等黄色，偏马齿型，穗轴颖片花青苷显色无或极弱。平均穗行数 14.4 行，行粒数 33.7 粒。区域试验平均亩产 619.7 千克，比对照品种增产 13.8%；生产试验平均亩产 622.1 千克，比对照品种增产 17.0%。籽粒容重 765 克/升，粗蛋白质含量 9.67%，粗脂肪含量 3.36%，粗淀粉含量 72.16%，赖氨酸含量 0.32%。

适宜推广区域：适宜在广西全区，云南海拔1 000米以下玉米种植区，贵州三都县、荔波县、独山县、平塘县、罗甸县、望谟县、册亨县、安龙县、贞丰县、兴义市、紫云县、镇宁县、关岭县海拔800米以下中等以上肥力土壤种植。

8. MC121

品种特点：高产，抗病性好。

特征特性：黄淮海夏玉米区从出苗至成熟100天，幼苗叶鞘紫色，花药紫色，株型紧凑，株高269.0厘米，穗位高102.5厘米，成株叶片数19片。果穗筒形，穗长17.1厘米，穗行数14~16行，穗轴白色，籽粒黄色、半马齿型，百粒重35.0克。黄淮海夏玉米区域试验平均亩产712.2千克，比对照品种增产7.5%；生产试验平均亩产641.3千克，比对照品种增产5.6%。抗小斑病、南方锈病、穗腐病。

适宜推广区域：适宜在河南、山东、河北保定和沧州的南部及以南地区、陕西关中灌区、山西运城和临汾、晋城部分平川地区、江苏和安徽两省淮河以北地区、湖北襄阳地区种植。

（三）苗头型品种（8个）

苗头型品种是审定（登记）推广在3年内，产量、抗性、品质均表现较好，综合性状优良，在国家核心展示基地或省级展示评价中表现优异，市场潜力较大，阵型企业或育繁推一体化企业计划主推，有望进一步成为成长型和骨干型的品种。

1. 京科999

品种特点：稳产高产，抗病性好。

特征特性：黄淮海夏玉米区从出苗至成熟102天。幼苗叶鞘紫色，花药浅紫色，株型紧凑，株高269.8厘米，穗位高94.0厘米，成株叶片数19片。果穗筒形，穗长17.8厘米，穗行数14~18行，穗轴红色，籽粒黄色、半马齿型，百粒重33.1克。

黄淮海夏玉米区域试验平均亩产 665.4 千克，比对照品种增产 6.6%；生产试验平均亩产 693.9 千克，比对照品种增产 8.1%。籽粒容重 740 克/升，淀粉含量 75.60%。抗锈病、中抗茎腐病、小斑病。

适宜推广区域：适宜在黄淮海夏玉米区的河南、山东、河北保定和沧州的南部及以南地区、陕西关中灌区、山西运城和临汾、晋城部分平川地区、江苏和安徽两省淮河以北地区、湖北襄阳地区种植。

2. 农大 778

品种特点：产量高，品质好。

特征特性：黄淮海夏玉米区从出苗至成熟 116 天，幼苗叶鞘淡紫色，叶片墨绿色，叶缘淡紫色，花紫色，颖壳淡紫色。株型半紧凑，株高 220.0 厘米，穗位高 90.0 厘米，成株叶片数 19 片。花丝紫红色，果穗筒形，穗长 18.6 厘米，穗行数 16~18 行，穗轴红色，籽粒黄色、马齿型，百粒重 39.5 克。黄淮海夏玉米区域试验平均亩产 674.1 千克，比对照品种增产 7.2%；生产试验平均亩产 701.6 千克，比对照品种增产 5.1%。籽粒容重 765 克/升，粗蛋白质含量 9.85%，粗脂肪含量 4.55%，粗淀粉含量 73.04%，赖氨酸含量 0.31%。

适宜推广区域：适宜在河南、河北、山东、安徽、江苏等黄淮夏播区麦收后种植。

3. 兴辉 908

品种特点：耐密高产，抗病，抗倒。

特征特性：东华北中熟春玉米组从出苗至成熟 134 天。幼苗叶鞘紫色，叶片绿色，叶缘紫色，花药浅紫色，颖壳绿色。株型半紧凑，株高 305.0 厘米，穗位高 107.0 厘米，成株叶片数 20 片。果穗长筒形，穗长 19.8 厘米，穗行数 14~20 行，穗粗 5.2

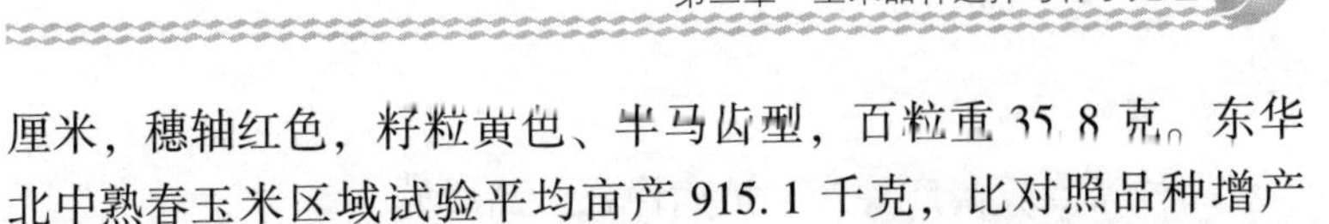

厘米，穗轴红色，籽粒黄色、半马齿型，百粒重35.8克。东华北中熟春玉米区域试验平均亩产915.1千克，比对照品种增产5.9%；生产试验平均亩产854.7千克，比对照品种增产7.3%。籽粒容重784克/升，淀粉含量75.90%，蛋白质含量8.98%。中抗灰斑病、茎腐病、穗腐病。

适宜推广区域：适宜在辽宁东部山区和辽北部分地区，吉林吉林（市）、白城、通化大部分地区，辽源、长春、松原部分地区，黑龙江第一积温带，内蒙古乌兰浩特、赤峰、通辽、呼和浩特、包头、巴彦淖尔、鄂尔多斯等部分地区以及张家口、承德适宜区域，山西忻州、太原、晋中、阳泉、长治、晋城、吕梁平川区和南部山区等区域种植。

4. 中玉303

品种特点：高产稳产，耐密性好。

特征特性：黄淮海夏玉米组从出苗至成熟101天。幼苗叶鞘紫色，叶片绿色，叶缘绿色，花药浅紫色，颖壳绿色。株型紧凑，株高267.0厘米，穗位高107.0厘米，成株叶片数21片。果穗长筒形，穗长17.2厘米，穗行数12~20行，穗粗4.9厘米，穗轴白色，籽粒黄色、半马齿型，百粒重31.5克。黄淮海夏玉米区域试验平均亩产683.8千克，比对照品种增产7.4%；生产试验平均亩产696.6千克，比对照品种增产8.5%。籽粒容重767克/升，粗蛋白质含量9.56%，粗脂肪含量3.87%，粗淀粉含量75.96%，赖氨酸含量0.29%。高抗茎腐病，抗小斑病。

适宜推广区域：适宜在黄淮海夏玉米区的河南、山东、河北保定和沧州的南部及以南地区、陕西关中灌区、山西运城和临汾、晋城部分平川地区、江苏和安徽两省淮河以北地区、湖北襄阳地区夏播种植。

5. 罗单297

品种特点：高产稳产，抗病性强，品质好。

特征特性：西南春玉米区生育期平均131天。幼苗叶鞘紫色，叶片绿色，叶缘绿色，花药黄色，颖壳紫色。株型半紧凑，株高288.0厘米，穗位高119.0厘米，成株叶片数17片。果穗筒形，穗长20.0厘米，穗行数16行，穗粗5.0厘米，穗轴白色，籽粒黄色、半马齿型，百粒重36.7克。西南春玉米（中高海拔）区域试验平均亩产699.9千克，比对照品种增产9.6%；生产试验平均亩产730.3千克，比对照品种增产13.2%。籽粒容重790克/升，粗蛋白质含量11.37%，粗脂肪含量3.84%，粗淀粉含量73.55%，赖氨酸含量0.28%。中抗大斑病、丝黑穗病、灰斑病、茎腐病、穗腐病、小斑病、纹枯病。

适宜推广区域：适宜在西南春玉米（中高海拔）区的四川甘孜、阿坝、凉山及盆周山区海拔800~2 200米的地区；贵州贵阳、毕节、安顺、六盘水、黔西南海拔1 000~2 200米地区；云南昆明、楚雄、大理、保山、丽江、德宏、临沧、普洱、玉溪、红河、文山、曲靖、昭通海拔1 000~2 200米地区。西南春玉米（中低海拔）区的四川、重庆、湖南、湖北、陕西南部海拔800米及以下的丘陵、平坝、低山地区，贵州贵阳、黔南、黔东南、铜仁、遵义海拔1 100米以下地区，云南中部昆明、楚雄、玉溪、大理、曲靖等州市的丘陵、平坝、低山地区，广西桂林、贺州种植。

6. 陕单650

品种特点：宜机收，品质好。

特征特性：黄淮海夏玉米区从出苗至成熟100天。幼苗叶鞘紫色，叶片绿色，叶缘绿色，花药浅紫色，颖壳绿色。株型紧凑，成株叶片数19片。株高247.0厘米，穗位高87.0厘米。果

穗筒形，穗长 17.1 厘米，穗行数 14~18 行，穗轴红色，籽粒黄色、半马齿型，百粒重 29.0 克。黄淮夏玉米区域试验平均亩产 639.0 千克，比对照品种增产 0.4%；生产试验平均亩产 662.7 千克，比对照品种增产 4.5%。籽粒容重 760 克/升，粗淀粉含量 74.64%，粗蛋白质含量 9.82%，粗脂肪含量 4.30%，赖氨酸含量 0.29%。中抗茎腐病。

适宜推广区域：适宜在黄淮海夏玉米区的河南、山东、河北保定及以南地区、陕西关中灌区、山西运城和临汾、晋城部分平川地区、安徽和江苏两省淮河以北地区、湖北襄阳地区作为籽粒机收品种种植。适宜在东华北中熟春玉米区的辽宁东部山区和辽北部分地区，吉林吉林（市）、白城、通化大部分地区，辽源、长春、四平、松原部分地区，黑龙江第一积温带及绥化、齐齐哈尔地区，内蒙古赤峰、通辽等部分中熟地区种植。适宜陕北、渭北春播玉米机械化籽粒收获区种植。

7. 翔玉 878

品种特点：产量高，品质好。

特征特性：东华北中早熟春玉米组从出苗至成熟 125 天。幼苗叶鞘紫色，叶片绿色，叶缘紫色，花药浅黄色，颖壳绿色。株型半紧凑，株高 278.0 厘米，穗位高 111.0 厘米，成株叶片数 19 片。果穗长筒形，穗长 20.3 厘米，穗行数 14~18 行，穗粗 5.1 厘米，穗轴红色，籽粒黄色、半马齿型，百粒重 37.6 克。东华北中早熟春玉米组区域试验平均亩产 807.3 千克，比对照品种增产 6.5%；生产试验平均亩产 826.1 千克，比对照品种增产 4.9%。籽粒容重 774 克/升，粗蛋白质含量 9.94%，粗脂肪含量 3.71%，粗淀粉含量 74.81%，赖氨酸含量 0.28%。

适宜推广区域：适宜在东华北中早熟春玉米类型区的黑龙江第二积温带，吉林延边、白山的部分地区，通化、吉林的东部，内蒙古中东部的呼伦贝尔南部、兴安中北部、通辽扎鲁特旗中北部、乌兰察布前山、赤峰中北部、呼和浩特北部、包头北部等中早熟区，河北张家口坝下丘陵及河川、承德中南部中早熟区，山西中北部大同、朔州、忻州、吕梁、太原、阳泉海拔900~1 100米的丘陵地区，宁夏南部山区海拔1 800米以下地区种植。

8. 铁391

品种特点：稳产高产，抗倒性好。

特征特性：东华北中晚熟春玉米组从出苗至成熟126天。幼苗叶鞘浅紫色，叶片深绿色，叶缘紫色，花药紫色，颖壳紫色，株型半紧凑，果穗长筒形，穗轴红色，籽粒黄色、半马齿型。株高283.5厘米，穗位高112.5厘米，成株叶片数20片。穗长21.0厘米，穗行数14~18行，穗粗5.1厘米，百粒重37.7克。东华北中晚熟春玉米区区域试验平均亩产786.7千克，比对照品种增产9.5%；生产试验平均亩产711.6千克，比对照品种增产10.1%。籽粒容重768克/升，粗蛋白质含量8.95%，粗脂肪含量3.95%，粗淀粉含量73.65%，赖氨酸含量0.25%。中抗丝黑穗病、灰斑病、茎腐病、穗腐病。

适宜推广区域：适宜在东华北中晚熟区的吉林四平、松原、长春大部分地区和辽源、白城、吉林部分地区以及通化南部，辽宁除东部山区和大连、东港以外的大部分地区，内蒙古赤峰和通辽大部分地区，山西忻州、晋中、太原、阳泉、长治、晋城、吕梁平川区和南部山区，河北张家口、承德、秦皇岛、唐山、廊坊、保定北部、沧州北部春播区，北京春播区，天津春播区种植。西北区的内蒙古巴彦淖尔大部分地区、鄂尔多斯大部分地区，陕西榆林地区、延安地区，宁夏引扬黄灌区，甘肃陇南、天水、庆阳、平凉、白银、定西、临夏海拔1 800米以下地区及武

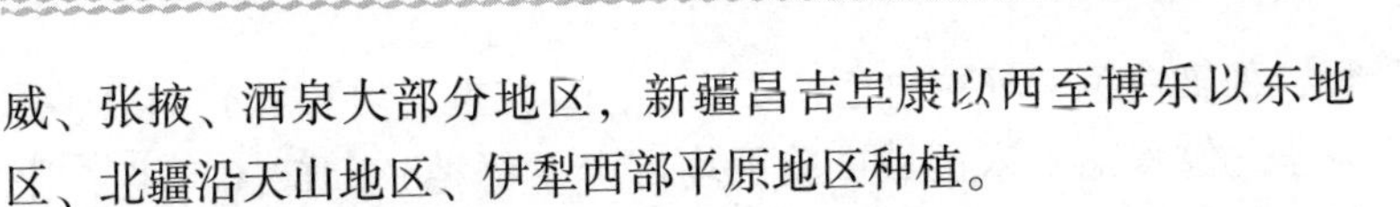

威、张掖、酒泉大部分地区，新疆昌吉阜康以西至博乐以东地区、北疆沿天山地区、伊犁西部平原地区种植。

（四）特专型品种

特专型品种是新近审定（登记）、符合多元化市场消费需求、能显著提高土地、肥水、光温等资源利用率的特色、专用型优良新品种，或在产量、抗性、品质、生育期、适宜机械化、适宜新型农作制度（如再生稻、带状复合种植）等方面有突破和质的提升的品种。

1. 京科糯2000（鲜食糯玉米）

品种特点：鲜食品质好，种植范围广，是我国种植面积最大、种植范围最广的鲜食糯玉米品种。

特征特性：西南地区从出苗至鲜穗采收85天左右，与对照品种渝糯7号相当。幼苗叶鞘紫色，叶片深绿色，叶缘绿色，花药绿色，颖壳粉红色。株型半紧凑，株高250.0厘米，穗位高115.0厘米，成株叶片数19片。花丝粉红色，果穗长锥形，穗长19.0厘米，穗行数14行，百粒重（鲜籽粒）36.1克，籽粒白色，穗轴白色。西南地区区域试验平均亩产（鲜穗）880.4千克，比对照品种增产9.6%。支链淀粉占总淀粉含量的100%。

适宜推广区域：适宜在四川、重庆、湖南、湖北、云南、贵州、吉林、北京、福建、宁夏、新疆等地作鲜食糯玉米品种种植。

2. 万糯2000（鲜食糯玉米）

品种特点：适应性广，鲜食品质好。

特征特性：东华北春玉米区从出苗至鲜穗采收90天。幼苗叶鞘浅紫色，叶片深绿色，叶缘白色，花药浅紫色，颖壳绿色。株型半紧凑，株高243.8厘米，穗位高100.3厘米，成株叶片数20片。花丝绿色，果穗长筒形，穗长21.7厘米，穗行数14~16

行，穗轴白色，籽粒白色、硬粒型，百粒重（鲜籽粒）44.1 克。东华北鲜食糯玉米区域试验平均亩产（鲜穗）1 160.0 千克，比对照品种增产 16.3%。品尝鉴定 87.1 分，支链淀粉占总淀粉含量的 98.72%，皮渣率 3.86%。

适宜推广区域：北京、河北、山西、内蒙古、辽宁、吉林、黑龙江、新疆作鲜食糯玉米品种春播种植；北京、天津、河北、山东、河南、江苏淮北、安徽淮北、陕西关中灌区作鲜食糯玉米品种夏播种植；江苏中南部、安徽中南部、上海、浙江、江西、福建、广东、广西、海南、重庆、贵州、湖南、湖北、四川、云南作鲜食糯玉米品种春播种植。

3. 金冠 218（鲜食甜玉米）

品种特点：产量高，适应性广，品质好。

特征特性：东华北鲜食春玉米区栽培，从出苗至鲜穗采收 90 天。幼苗叶鞘绿色，叶片、叶缘绿色，花药、颖壳绿色。株型半紧凑，株高 250.0 厘米，穗位高 100.0 厘米，成株叶片数 17~20 片。花丝绿色，果穗筒形，穗长 23.0 厘米，穗行数 16~18 行，穗轴白色，籽粒黄色、甜质型，鲜百粒重 34.8 克。东华北鲜食春玉米区域试验平均亩产（鲜穗）1 061.0 千克，比对照品种增产 23.5%。皮渣率 5.97%，还原糖含量 9.56%，水溶性糖含量 29.50%。中抗大斑病、茎腐病，抗小斑病。

适宜推广区域：适宜在北京、河北、山西、内蒙古、黑龙江、吉林、辽宁、新疆作鲜食甜玉米春播种植；北京、天津、河北、山东、河南、陕西、江苏北部、安徽北部作鲜食甜玉米夏播种植；江西、湖南、福建、广东等地春季种植。

4. 北农青贮 368（青贮玉米）

品种特点：生物产量高，青贮品质优良。

特征特性：在黄淮海夏播区从出苗至最佳收获期 100 天。株

型半紧凑，株高 282. 0 厘米，穗位高 126. 0 厘米。黄淮海夏播青贮玉米组区域试验平均亩产（干重）1 264. 0 千克，比对照品种增产 5. 0%；生产试验平均亩产（干重）1 186. 0 千克，比对照品种增产 7. 7%。全株粗蛋白质含量 7. 70%～8. 67%，淀粉含量 27. 80%～33. 46%，中性洗涤纤维含量 36. 83%～42. 60%，酸性洗涤纤维含量 16. 04%～19. 51%。中抗小斑病、弯孢叶斑病。

适宜推广区域：适宜在北京、河北、天津、吉林、黑龙江、内蒙古等东华北中晚熟春播区、黄淮海夏播区和甘肃、宁夏、新疆等西北春玉米区用于全株青贮玉米种植。

5. 沈爆 6 号（爆裂玉米）

品种特点：特殊花型品种，爆裂品质好。

特征特性：春播生育期 118 天。夏播生育期 105 天。幼苗叶鞘紫色，叶片绿色，叶缘绿色，株型平展，株高 257. 5 厘米，穗位高 120. 0 厘米，成株叶片数 20 片。果穗长筒形，穗长 19. 3 厘米，穗行数 14 行，穗粗 3. 4 厘米，穗轴白色，籽粒黄色，百粒重 18. 9 克。膨胀倍数 26 倍，球形花，爆花率 98. 0%。抗大斑病、穗腐病、小斑病、瘤黑粉病，高抗丝黑穗病。

适宜推广区域：适宜在辽宁、宁夏、吉林、新疆、天津春播种植，山东夏播种植。

第二节　玉米种子处理

种子处理的方法主要包括晒种、浸种、药剂拌种和种子包衣等。

一、晒种

晒种可以有效杀灭种子表面的病菌，促进种子后熟，降低种子含水量，增加种子吸水力，提高种子出苗率13%~20%，并能提早出苗1~2天。

方法：选择晴天上午10时至下午4时，将种子摊晾在向阳干燥的地方，勤加翻动，下午4时后收贮室内，避免受潮，连续暴晒2~3天，使种子充分干燥。切忌种子摊在铁器、水泥地上晾晒，以防温度高烫坏种子。

二、浸种

播前浸种可使玉米种子在播前吸足水分，提高发芽力，保证出苗快而整齐；能刺激种子增强新陈代谢作用，提高种子活力，播后出苗快且齐壮，有明显的增产效果。其方法如下。

（1）*清水浸种*　冷水浸种12~24小时，或用50℃温水浸种6~12小时，可使种子发芽、出苗快而整齐。

（2）*温汤浸种*　用2份开水兑1份冷水，温度在55℃左右，浸泡玉米种子6~12小时，摊晾后播种。不仅能加速种子吸水过程，还能杀死附着在种子表面的黑粉病菌孢子。

（3）*人尿浸种*　用30%的人尿浸泡种子12小时，或用50%的人尿浸种6~8小时，每15~20千克溶液浸种10千克，捞出稍晾片刻即可播种。能加速种子养分的转化，补充种子养分。据试验，用尿液浸泡的玉米，其幼苗在3叶期表现为叶绿、苗壮，一般增产5%左右。

（4）*磷酸二氢钾浸种*　先将磷酸二氢钾用水溶化（300~500倍液），然后将种子倒入溶液中（10千克水溶液浸种6千克），浸泡10小时捞出阴干后播种，比不浸种的早出苗1~2天。

（5）*高锰酸钾浸种*　高锰酸钾5克兑水5千克浸玉米种25小时后滤干即可播种。

（6）*尿素浸种*　尿素100克兑水10千克，可浸种6千克。

浸泡10~12小时滤干后可播种。

(7) 食醋浸种　食醋100克兑水10千克搅匀后倒入玉米种，浸泡24小时，滤干播种。可防治玉米丝黑穗病。

(8) 三十烷醇浸种　三十烷醇溶液浓度为0.05毫克/千克，每15~20千克溶液浸种10千克，浸泡4~5小时，捞出阴干。

(9) 锌肥浸种　取50克硫酸锌加水100千克配成溶液。每15~20千克溶液浸玉米种子10千克，浸泡10小时后，捞出阴干后播种。

(10) 沼液浸种　沼液浸种不仅可以提高种子的发芽率，促进种子生理代谢，提高幼苗素质，而且可以增强幼苗的抗逆性，具有较好的增产效果和经济效益。首先把待播种的玉米种子进行晾晒，根据种子的干湿情况，一般晒种1~2天，每天晒6小时左右；然后将晾晒好的种子装入透水性较好的塑料袋内，装种量根据袋子的大小而定，将装有种子的袋子用绳子吊入正常产气的沼气池出料间中部料液中，浸种时间12~24小时，然后取出用清水冲净，于背阴处晾干，就可以播种，切忌浸种时间过长，以免影响发芽率。一般以种子吸饱水为度。

另外，用增产素、铝酸铁等浸种也有较好的增产效果。注意用上述各种方法浸过的种子要放阴凉处摊晾，不要日晒。

三、药剂拌种

浸种后再进行药剂拌种，对防治病虫害和保全苗有良好效果。

(1) 三唑酮拌种　用25%三唑酮可湿性粉剂按干种子重量的0.2%拌种，可防治玉米黑穗病；用15%三唑酮可湿性粉剂按种子重量的0.4%拌种，可防治玉米黑粉病。

(2) 戊唑醇拌种　用2%戊唑醇湿拌种剂30克，拌玉米种

10千克，可防治玉米丝黑穗病。

（3）多菌灵拌种　用50%多菌灵可湿性粉剂按种子重量的0.5%~0.7%拌种，可防治玉米丝黑穗病。

（4）萎锈灵闷种　用20%萎锈灵乳油500毫升，加水2.5千克，拌种25千克，堆闷4小时，晾干播种，可防治玉米丝黑穗病。

（5）辛硫磷拌种　用50%辛硫磷乳油按药、水、种子用量1∶100∶1 000的比例进行拌种，拌匀后堆闷4~6小时即可播种。可防治苗期地下害虫。

（6）桐油拌种　将500克桐油倒入6千克玉米种内拌匀后播种，此法有明显的抗旱作用。

（7）过磷酸钙拌种　先把玉米种放入清水里浸泡2小时捞出，每千克种拌过磷酸钙20克，随拌随播。

（8）硫酸锌拌种　硫酸锌50克兑水适量与10千克种子拌匀，晾干后播种。此法还可防治白苗病。

（9）稀土拌种　稀土拌种能促发芽和根系发育，增强抗逆能力。用稀土4克加水40毫升和米醋20滴拌种1千克，边喷边拌匀，随拌随播。

（10）阿司匹林拌种　每4~5千克种子用4~6片阿司匹林。将药压成粉状溶于水中，洒在种子上拌匀。

四、种子包衣

玉米种子包衣是新兴起的一项技术，种子包衣所用药剂即种衣剂，是将稍微湿润状态的种子，用含有黏结剂的杀虫剂、杀菌剂、复合肥料、微量元素肥料（微肥）、植物生长调节剂、缓释剂、成膜剂等配合制剂，按一定的比例充分混拌，在种子表面形成具有一定功效的固化保护膜，是目前防治玉米苗期地下害虫、

苗期病害，确保一播全苗最为简洁、有效的办法。此外，种子包衣还能起到防治玉米丝黑穗病、为种子萌芽生长提供一定养分等作用。种衣剂是在拌种剂基础上的技术创新。

1. 种衣剂种类

按照产品有效成分，可以将种衣剂分为两大类：一类是农药型种衣剂，另一类是微肥型种衣剂。两类种衣剂均可促进玉米苗全、苗壮，但前者偏重于防治苗期地下害虫、苗期病害，提高成苗率，同时降低丝黑穗病发病率；后者偏重于为种子提供养分，增强种子的发芽势，培育壮苗。生产上应用的种衣剂主要有2种。

（1）种衣剂13号配方　含三唑酮、辛硫磷、微肥等，主要防治玉米地下害虫、黏虫、丝黑穗病及缺素症。

（2）600克/升吡虫啉悬浮种衣剂　主要防治苗期地下害虫（蛴螬）的为害，减轻金针虫、地老虎的为害，促进苗齐、苗壮，防治玉米粗缩病（灰飞虱传播的病毒病），促进根系生长、根系发达、长势健壮，抗倒伏，使穗大粒饱，减少秃尖，增产。

此外，还有戊唑醇、烯唑醇等防治玉米丝黑穗病的专用杀菌种衣剂。农户在购买种衣剂时，先要弄清本地玉米病虫害发生情况，再根据种衣剂中所含有效成分确定购买哪种产品，确保选购的种衣剂质量合格、产品适宜、效果显著。

2. 玉米种子种衣剂制作方法

（1）机械包衣　种子公司用包衣机生产制作，种子包衣后，出售给农民。

（2）人工包衣　没有包衣机，可用人工简便的包衣方法，适于农户进行少量玉米种子做包衣处理。具体操作方法：将两个大小相同的塑料袋套在一起，即成双层袋，取一定数量的玉米种子与相应数量的种衣剂，均匀地倒入里层袋内，扎紧袋口，然后用双手快速揉搓，直到拌匀为止，倒出即可备用。

种子包衣时，种衣剂的用量应严格按照产品说明书规定比例混拌。例如，采用600克/升吡虫啉悬浮种衣剂10毫升，兑水8~10毫升，混成均匀溶液，将1~2千克玉米种子，摊在塑料薄膜（或塑料盆）上，将配好的包衣液倒在种子上，搅拌均匀后倒出，晾24小时后播种（阴干播种，不可暴晒）。

3. 注意事项

一是选用合适的种衣剂，杀虫的、防丝黑穗病的、带微肥的较好。使用前必须做好种衣剂对玉米种子的安全性测定，尤其是针对甜玉米、糯玉米，更要严格掌握种衣剂的使用安全性。必须按规定量使用，过多会发生药害，过少又起不到作用。包衣时必须搅拌均匀，防止产生药害。

二是包衣种子必须是优良品种的发芽率高的优质种子，发芽势及发芽率都要达标。要求包衣种子含水量要比一般种子标准含水量低1%。

三是包衣种子要带有警戒色，只能用于指定的种子，绝不能食用或饲用。出苗后疏下的玉米苗严禁喂养畜禽，播种时要防止对人、畜的药害。

四是机械包衣要在专门的车间内进行，搅拌时不能使用金属器具，不能在太阳光直射条件下操作。操作人员要穿工作服和佩戴防护用具。人工包衣不能在高温条件下操作，包衣种子包装不能用麻袋，包装后要密封。包衣种子要由专门仓库和专人保管，包衣种子在调运和使用过程中也要注意安全。用过的工具和衣服都应及时彻底清洗。

五是播包衣种子时要戴橡胶手套，穿工作服，播种结束后，应将多余的包衣种子单藏，未播完的种子，切忌食用或作饲料。

第三章　玉米整地播种

第一节　玉米整地施肥

一、整地的意义

（一）提高土壤透性，加深活土层

耕地经过翻整后，土壤颗粒之间变得疏松，能够提高土壤的透气性，同时也加深了活土层，使原本坚实的土壤变得松软。深翻过的土壤，玉米根系容易发育，扎根深，在一定程度上提高了抗旱、抗倒伏能力，增产效果十分明显。

（二）提高土壤蓄水保墒能力

土壤翻耕后，上松下实，土壤颗粒间的空隙加大，可以容纳较多的雨水，从而改善土壤墒情，增强作物的抗旱能力，利于作物生长。

（三）提高土壤的理化特性

翻耕后的土壤与空气充分接触，特别是秋整地，将土翻到地表，通过冻融改变土壤理化性质，风吹日晒能加速土壤的熟化。翻耕后的土壤，水、气、热变得协调，利于微生物活动，使养分得以分解转化，利于作物吸收，促进春玉米苗期的健壮生长。

（四）消灭害虫及杂草

翻耕土壤可以破坏地下害虫的生存环境，把一些越冬虫卵破坏，降低虫口密度，同时也能把一些杂草的种子深翻到土壤之下，起到灭草的作用。

二、整地的要求

一般要求地面平整、土壤松碎、无大土块，耕层上虚下实、团粒结构多、土质松散适度。这样可以使播种深浅一致，并将种子播在稳实而不再下沉的土层中，种子上面盖上一层松碎的覆盖层，促进毛管水不断流向种子处，保证出苗整齐、均匀。

三、整地的形式

（一）翻、耙、耢整地

翻耕深度一般在 20 厘米左右，不宜过深，因为有些地区表土层下面有黄土或黏土，如果翻耕过深会把黄土翻上来，不利于玉米生长，玉米根系一般在 25 厘米左右深度土层就能很好生长。翻耕后一般要进行耙耢 2~3 次，这样能使翻耕上来的土块达到平整细碎的程度。现多采用机械集中连片翻耕，能够使土层上下翻转，所以一方面不宜过深，另一方面也不要每年都翻，3~5 年翻 1 次便可，最好是进行秋翻秋耙，然后再起垄，这样对疏松土壤及灭茬灭草都有利，也利于土壤中的气体移动，利于微生物生长，极大改善土壤的理化特性。在翻耕时可以结合土壤肥力情况施加有机肥，提高土壤的供肥能力，促进玉米植株生长。

（二）旋耕灭茬整地

这种方式近年来采用较多，主要是用旋耕机把上茬作物的余茬粉碎，然后混合到翻耕的土壤中，这种方式的采用主要得益于旋耕机的普及，一些小功率四轮拖拉机可以匹配小型旋耕机进行作业，具有较强的机动性，特别适合耕地不多的地区。余茬灭茬后直接埋于土壤中，腐解后能够提高土壤肥力。灭茬后可在原垄

沟开沟，施入底肥或有机肥，然后破原垄就能形成新垄再播种，极大方便了耕种，这种方式在东北地区采用较多，但要注意一个问题就是土壤墒情不好保持，易跑墒，播种时最好进行坐水种，才能确保苗全。

（三）春整地和秋整地

玉米种植整地包括春整地和秋整地两种。春整地一般在前茬作物收获后及时灭茬，施足基肥，深耕翻土，耕后及时耙耱保墒，有的要冻垡，黏土地耕后最好在封冻前灌 1 次水，经过冻融作用，土块容易破碎。对于前茬腾地晚而来不及进行冬前耕翻的春玉米地，要尽早春耕，并随耙随耕，防止跑墒。对于无水浇条件的旱地，春季要进行多次的耙耱整地，以便破碎大的土块，疏松表土，平整地面，减少由于垡块造成的透风跑墒。耙耱后表层形成一层较薄的干土层，其起覆盖层的作用，减少了下层土壤水分的蒸发。秋整地为第二年春天争取了农时，有利于接纳秋冬季及初春的雨、雪水，增加抗旱能力。秋整地通过冬春的冻融交替利于形成良好的土体结构。春整地往往会跑墒，增加春天作业压力，也不利于上虚下实土体构造的形成，易引起土壤风蚀。

四、施足基肥

随着产量的提高，玉米对营养物质的吸收量也相应增加。玉米一生中所吸收的养分以氮最多，钾次之，磷最少。

玉米施肥应采用以基肥为主、追肥为辅的原则。施足基肥是提高玉米产量的重要措施。一般基肥用量占全部施肥量的 70%~80%。基肥以腐熟的有机肥为主，一般每亩施腐熟农家肥 2 500~3 000 千克（或商品有机肥 250~300 千克）。此外，缺磷土壤每亩施过磷酸钙 30~40 千克，缺钾土壤每亩施氯化钾或硫酸钾 5~10 千克。基肥可全层深施，如果肥料用量少时，可采用沟施或穴施的方法。

第二节　玉米播种技术

一、适期播种

适宜播种期主要取决于当地的气候条件和品种特性，主要包括以下 4 个方面。

（1）温度　5~10 厘米耕层温度稳定在 7~10℃。

（2）水分　土壤的湿度必须达到田间持水量的 65%~70%（判断标准为攥成团、散成沙）。

（3）土质、地势　壤土、砂壤土、向阳坡地以及岗地、岗平地可适时早播；洼地、二洼地以及土质黏重的地块，不宜早播。

（4）品种特性　生育期长、种苗耐低温、早发性好、拱土能力强的品种，可以适当早播。

二、播种深度合理

播种深度因土壤质地、土壤水分、品种特性而异。

当土壤黏重、水分充足、种子拱土能力较弱时播种应浅些，但不能浅于 2.5 厘米；当土质疏松、水分较少、种子拱土能力强时，播种可适当深些，最深不超过 6 厘米。

据测定，3~5 厘米的播种深度对玉米出苗最有利，且保苗率高，出苗早，干物重大。

三、精量播种

播种量因种子大小、种子生活力、种植密度、种植方法和生产的目的而不同。凡是种子大、种子生活力低和种植密度大的，播种量应适当增大，反之应适当减少。通常，传统穴播、条播的种粒数是计划株数的 3~4 倍；精量、半精量播种的种粒数是计划株数的 1.5~2.0 倍。

四、播种方式

（一）等行距种植

当前夏玉米一般按上茬小麦畦内等行距种植，行距 60 厘米，4~6 行一带，带间距接近或等于行距，种植密度为 4 000 株/亩左右。

采用等行距方式种植玉米，不能密度过大，否则不利于通风透光，茎秆细弱易倒伏，易形成有利于病虫害发生的田间小气候，加重病虫害的发生为害程度，也不利于田间管理作业，尤其不利于田间病虫害的防治，一旦某种病虫害严重发生，不防治减产严重，要防治进地困难。

（二）宽窄行播种

高产田宜采用宽窄行播种，宽行 70~80 厘米，窄行 40~50 厘米。宽窄行播种可培肥土壤，提高有机质含量，改善土壤通透性及生态环境。大大减少土壤的风蚀、水蚀，促进玉米生长发育，根系数量增多，叶面积大，光合势强，保绿期长。

五、施用种肥

种肥即随种子一起施下的肥料。种肥能快速提苗，促使幼苗健壮，对春玉米和夏玉米都有良好的增产作用。在土壤肥力差、基肥用量不足的情况下使用效果更明显，尤其是在夏玉米前期需肥量较大的情况下，施好种肥，不仅可以促苗增产，还可以适当减少后期追肥次数，降低人工成本。根据土壤肥力状况，种肥用量为每亩尿素 1~2 千克、硫酸铵 2.5~5 千克。

如果在播前未能使用磷肥作基肥，也可用过磷酸钙或磷酸二铵之类的氮、磷复合肥作种肥。过磷酸钙每亩用量 5~10 千克。施肥方法宜采用沟施或穴施。为防止烧种、烧芽，种肥最好与种子分开，施在种子侧方 5 厘米处。

六、合理密植

(一) 品种特性

生育期长、叶片平展、茎秆质量差、根系不发达的品种，宜稀植；生育期短、株型紧凑、茎秆强、根系发达、抗倒伏能力强的品种，宜密植；大穗型的品种与中小穗型的品种相比，种植密度应适当小些。

(二) 肥力

高肥力宜密植，适宜种植密度范围相对较宽。一般大田每亩留苗 4 000~4 700 株，高产田每亩 5 000~5 500 株；大穗型品种每亩留苗 3 200~3 700 株，高产田每亩 3 800 株左右。

第三节　玉米机械化免耕播种技术

一、选择机具与配套动力

对于新购买的机具，首先要认真阅读产品使用说明书，全面了解机具的结构、性能、操作要领、注意事项；其次要按说明书的要求，进行认真调试和试播。对于老机具，要在作业前认真检查和保养，使机具处于良好的状态。

二、做好前茬地块的处理

在小麦收获前3~7天浇麦黄水，具体浇水时间依据土壤质地而定，一般黏土地要早些浇，壤土稍后浇，砂土宜晚浇，以收获小麦时农机能进地操作或玉米播种时有良好的墒情为标准。浇水时一般喷灌4~5小时。

前茬收获和秸秆处理应便于均匀覆盖地表：收获小麦最好选择带有粉碎秸秆装置的联合收获机，麦茬高度应控制在25厘米范围内，秸秆切碎长度为15~25厘米，并做到麦秸秆抛撒、覆盖均匀；秸秆量过大时，应把多余秸秆清出地块。

规划好合理的种植模式，使玉米机械化播种与机械化收获有机地结合起来。

三、注意种子的选择与处理

夏玉米机械化覆盖施肥播种技术采取的是精量播种，对种子的要求很高。在播种前一定要选择生育期为100天左右的中早熟优质良种，种子纯度≥97%，发芽率≥95%，含水率<14%，并进行药物搅拌或包衣处理。

四、注意选择最佳播期

华北地区夏玉米最佳播期一般在6月上旬，最迟不应晚于6月15日，应与收获作业配套进行，小麦收获后当天或第二天播种，形成即收即播的作业流程。

五、注意种肥的选择

根据玉米机械免耕播种技术的特点，种肥应选择流线好、肥效高的颗粒型复合肥或氮肥，并保证亩施肥量≥25千克。千万不要选择粉状的氮肥，以免影响施肥效果，造成减产。

六、注意播种质量

保证播量适宜、深度一致、覆土严实、镇压适度，无缺苗断垄现象。机具作业速度要适中，不可太快或太慢。播种作业时要确保播行平直、换接行距一致，及时疏通壅堵现象，保持输肥管、输种管畅通。破茬开沟的深度应≥12 厘米，并保证同步深施的种肥与种子间有 4~5 厘米的土壤隔层。严格遵守播种机操作规程，如播种时不可倒车，并注意观察，防止因秸秆堵塞影响播种质量等。

第四章　玉米田间管理

第一节　玉米苗期管理

玉米苗期虽然生长发育缓慢，但处于旺盛生长的前期，其生长发育不仅决定营养器官的数量，而且对后期营养生长、生殖生长、成熟期以及产量都有直接影响。因此，苗期需肥水不多，应适量供给，并加强田间管理，促根壮苗，通过合理的生产措施实现苗全、苗齐、苗匀、苗壮。主要管理措施如下。

一、查苗、补苗

由于玉米种子质量和土壤墒情等方面的原因，已播种的玉米会出现不同程度的缺苗，所以玉米播种后应及时查苗、补苗。

（一）补种

如缺苗较多，可用浸种催芽的种子坐水补种，即在玉米刚出苗时，将种子浸泡 8~12 小时，捞出晾干后，抢时间补种，如果补种的玉米赶不上原先播种长出的幼苗，可采用移苗补栽的方法。

（二）移栽

如缺苗较少，则可移栽，结合玉米有 3~4 片可见叶间苗时带土挖苗移栽，移栽苗以比原地苗多 1~2 片可见叶为好，移栽时间应在下午或阴天，最好是带土移栽。

不论补种或移栽，均要求水分充足，施少量氮肥和追偏肥，以减少小株率。在缺苗不太严重的地块，可在缺苗四周留双株或多株补栽。

二、间苗、定苗

(一) 间苗宜早

应选择在幼苗3~4片叶时进行。间苗原则是去弱苗、病苗，留壮苗；去杂苗，留齐苗和颜色一致的苗。

(二) 适时定苗

当幼苗长到5~6片叶时，按品种、地力不同适当定苗。定苗时间也是宜早不宜迟。在地下害虫发生严重的地方或地块，要适当增加间苗次数，延迟定苗时间，但最迟不宜超过6片叶。夏玉米苗期处在高温多雨季节，幼苗生长快，可在有3~4片可见叶时一次定苗，以减少幼苗争光、争肥矛盾。

间苗、定苗的时间应在晴天下午，病苗、虫咬苗及发育不良的幼苗易在下午萎蔫，便于识别淘汰。对那些苗矮叶密、下粗上细、弯曲、叶色黑绿的丝黑穗侵染苗，应该彻底剔除。间苗、定苗时一定要注意连根拔掉，避免长出二茬苗。间苗、定苗可结合铲地进行。

三、蹲苗促壮

蹲苗时间应从苗期开始到拔节前结束。当玉米长出4~5片叶时，结合定苗把周围的土扒开3厘米左右，使地下茎外露，晒根7~15天，晒后结合追肥封土，这样可提高地温1℃左右。扒土晒根时，严禁伤根。春玉米蹲苗时间一般为30天左右，夏玉米一般为20天左右，时间过短起不到蹲苗的作用，时间过长则会影响幼穗分化，因此必须因地、因天、因苗情灵活掌握，以

“蹲黑不蹲黄，蹲肥不蹲瘦，蹲干不蹲湿”为原则。套种玉米播种生长条件较差，一般不宜蹲苗。应抓好水肥管理工作，促弱转壮。

四、适时中耕

中耕可以疏松土壤，不仅促进根系发育，控制地上部分生长，而且有利于土壤微生物的活动。同时，中耕还可消灭杂草，减少地力消耗，改善玉米的营养条件。春玉米中耕还可提高地温1~3℃。玉米苗期中耕一般可进行2~3次。

定苗以前，幼苗4~5片叶时，幼苗矮小，可进行第一次中耕，中耕时要避免压苗，中耕深度以3~5厘米为宜，苗旁宜浅，行间宜深。此次中耕虽会切断部分细根，但可促发新根，控制地上部分旺长。

第二次中耕在定苗后，幼苗30厘米高时进行，深度为7~8厘米。

第三次中耕在拔节前进行，深度为5~6厘米。

耥地要注意深度和培土量，头遍要拿住犁底，达到最深。为了耥深，又不压苗、伤苗，可用小犁，应遵循“头遍地不培土，二遍地少培土，三遍地起大垄”的原则。套种玉米、小麦田在苗期一般比较板结，在麦收后应及时中耕，深度10~15厘米，去掉麦茬，破除板结。夏直播玉米的苗期正处于雨季，深中耕易蓄水过多，造成芽涝，定苗后只宜浅中耕，以深度5厘米为宜。

五、及时除草

应用化学除草技术。一般玉米田除草常选用乙草胺、乙·莠等。每亩用50%乙草胺乳油150~200毫升，兑水30~40升，在播后苗前土壤处理，或在玉米苗3叶期以前，每亩用40%乙·莠悬乳剂 150~200 毫升，兑水 15~25 升茎叶处理。在使用除草剂时应适当增加兑水量，并避开高温天气，做到不重喷、不漏喷。夏玉米苗展开 5 叶后，在株行间均匀撒施麦秸、麦糠，亩用 200~300 千克，以盖严地表为好，可以有效保墒抑草，改善土壤结构。

六、适时追肥

春玉米由于基肥充足，一般不施苗肥。麦垄套种的玉米则因免耕播种，多数不施基肥，主要靠追肥。麦收后施足基肥，整地播种的夏玉米，视苗情少施或不施苗肥。据研究，磷肥在玉米 5 叶期前施入效果最好，因此，磷、钾肥和有机肥应在定苗前后结合中耕尽早施入。对基肥不足的应及时追肥以满足玉米苗期生长的需要，做到以肥调水，为后期高产打下基础。如苗期出现“花白苗”，可用 0.2%的硫酸锌叶面喷洒，也可在根部追施硫酸锌，每株 0.5 克，每亩施 1.0~1.5 千克。如苗期叶片发黄，生长缓慢，矮瘦，呈淡黄绿色，则是缺氮的症状，可用 0.2%~0.3%的尿素叶面喷施。

七、防治虫害

玉米苗期害虫主要有地老虎、黏虫、蚜虫、蓟马等。防治方法：播种时使用毒土或种衣剂拌种。出苗后可用 1%氯虫·噻虫胺颗粒剂 2~3 千克/亩或 0.5%毒死蜱颗粒剂 20~30 千克/亩，沟施，防治地老虎。用 25 克/升溴氰菊酯乳油 10~20 毫升/亩，喷雾，防治蚜虫、蓟马、稻飞虱。用 20%氰戊菊酯乳油或 50%辛硫磷乳油 1 500~2 000 倍液防治黏虫。

玉米苗期还容易遭受病毒侵染，是粗缩病、矮花叶病的易发期，及时清除田间和四周杂草，消灭带毒昆虫灰飞虱、叶蝉、

蚜虫等，能有效减轻病害的发生。

八、防止芽涝

玉米苗期的显著特点是耐旱怕涝，只要不严重干旱，一般不需要浇水，但遇涝应及时排水。夏玉米苗期暴雨、急雨较多，雨后应及时排水，特别是洼地及整地质量差的地块，更应及时排水，并做到及时中耕，散墒通气，防止芽涝。

第二节　玉米穗期管理

玉米穗期是指从拔节至抽雄这段时间。拔节就是茎基部节间开始明显伸长，而抽雄是指雄穗（天花）开始露出剑叶（最后一片）。穗期田间管理的主要目标是使玉米植株敦实粗壮，叶片生长挺拔有劲，营养生长和生殖生长协调，达到秆壮、穗大、粒多的效果。做好穗期的田间管理，是夺取玉米高产的关键。具体措施如下。

一、深中耕、小培土、结合施秆肥

玉米生长到 6~8 叶时正是拔节时期，是需肥高峰期，开花以后，速度减慢，数量减少。

（一）深中耕

在施足基肥、管好苗期的基础上，拔节前后要深中耕（10 厘米左右）1 次。这次中耕特别重要，可以把土块打碎，使耕作层土壤落实，有利于根系生长发育。

（二）小培土

小培土就是将行间的土略向植株集中，形成一个小垄，同时把施下的秆肥埋入土中。

（三）施秆肥

最好以腐熟的厩肥、堆肥或人畜粪为主，也可每亩施复合肥 10 千克左右，或硝酸铵 10 千克，或尿素 8 千克，同时根外追施硫酸锌 1 千克，可减少秃尖。要注意小苗多施，促进全田均衡生长。

二、重施穗肥、高培土

穗肥应在玉米大喇叭口期施用，这时玉米顶部的几片叶组成的形状像一个喇叭。抽雄前 7~10 天，是决定雌穗大小和粒数多少的关键时期，这时的生长状况对玉米产量影响最大，也是玉米需要养分最多的时候。一般应重施穗肥，占总追肥量的 60%左右，并施用速效肥。通常每亩用尿素 15~20 千克，结合高培土[把行间（特别是宽行）的土集中到植株两边]，把肥料埋入土中。但也应根据具体情况合理安排秆肥和穗肥的比重，若土壤肥力较高、基肥足、苗势好，可以少施秆肥，重施穗肥；如果土壤肥力低、基肥施用量少、幼苗长势一般，则可以重施秆肥，少施穗肥。

此外，可根据长势适时补充适量的微肥，一般用 0.3%的硫酸锌、硫酸亚铁或 0.2%硼砂溶液进行全株喷施，每隔 5~7 天喷 1 次，连喷 2 次，有显著的增产效果。抽穗后，每亩还可用磷酸二氢钾 150 克，兑水 50 千克，均匀喷到玉米植株中、上部的绿色叶片上，一般喷 1~2 次即可。

三、去蘖除弱

玉米的分蘖一般不形成果穗，所以应将分蘖及早除去以减少养分的无益损耗。去蘖要及时、认真，以防损伤主茎和根系。大喇叭口期前后应拔除不能结果穗的小弱株。但是，在杂交制种田

的父本行或作青饲料的玉米田，分蘖可保留。

四、抗旱排渍

在玉米生长中期，久旱或久雨都不利。拔节前后结合施肥适量浇水，使土壤水分含量保持在田间持水量的65%~70%，此时叶面蒸腾大、需水量多。孕穗期玉米植株生长的需水量占全生育期总需水量的27%~38%，故土壤水分应保持在田间持水量的70%~75%，此时玉米对水分的反应最敏感，需水量最多，是玉米需水的临界期。若拔节孕穗期土壤缺水，不但会影响玉米雌穗性器官的分化，而且会使果穗发育不良，穗小、粒少、秃尖严重，最终导致减产。如遇天旱，应坚持早、晚浇水抗旱，中耕松土，保证玉米有充足的水分；若是多雨天气，则要疏通排水沟，及时排除渍水，以利于生长发育。

五、化学调控

化学调控是指用植物生长调节剂乙烯利或玉米健壮素喷洒玉米，使玉米植株矮化、敦实抗倒伏。化学调控可使玉米植株矮化、气生根增加，适于密植，且抗病能力增强，是通过密植获取高产的一项新技术。此外，化学调控处理的玉米，生育后期绿叶数多，结穗率和百粒重增加，产量提高。喷药处理后，由于加速了玉米的灌浆，从而使玉米秃顶减少，果穗上部饱满，且喷玉米健壮素的增产幅度优于喷乙烯利的。最适喷药时期为雌穗小花分化后期，叶龄指数65%~75%，可掌握在第14~16片叶全展或田间可见0.1%~1%植株抽雄时喷药。若喷得过早，在矮化植株的同时，也对雌穗发育有一定的抑制。若用药过晚，对群体冠层结构的控制效果差。

六、及时防病治虫

玉米穗期主要病害有大斑病、小斑病、茎腐病，虫害有玉米螟等。玉米大斑病、小斑病发生初期应摘除底部老叶，喷50%多菌灵可湿性粉剂500~800倍液防治。药剂防治玉米茎腐病可用10%混合氨基酸铜水剂200倍液，在拔节期及抽雄前后各喷1次，防治效果可达80%以上。玉米螟一般在小喇叭口期和大喇叭口期发生，应按螟虫测报用2.5%辛硫磷颗粒剂撒于心叶丛中防治，每株用量为1~3克。

玉米穗期喷施植物生长调节剂具有明显的防倒伏增产量的效果。生产上可根据各种植物生长调节剂的作用和特点，按照产品使用说明，选择适宜的种类并严格掌握用量和喷施时间。

第三节　玉米花粒期管理

玉米在花粒期间茎叶停止生长，进入以籽粒发育为中心的生殖生长期，管理的首要任务就是提高光合效率，延长根和叶的生理活性，防止早衰及倒伏，达到籽粒饱满、高产的目的。主要措施如下。

一、追施粒肥

玉米由于基肥不足，玉米吐丝后，土壤肥力不足，下部叶片黄化，后期有脱肥现象时，应追施粒肥，促使玉米增加粒重获得高产。要掌握早施、适量的原则，一般每亩追施碳酸氢铵8~10千克，或在抽雄开花以后每隔10天用浓度为0.4%~0.5%的磷酸二氢钾溶液进行喷施，连续2~3次，可使根系活力旺盛，养根保叶，植株健壮不倒，防止叶片早衰。此期间不必追施尿素，因

尿素肥效发挥慢，增产效果不显著。

二、拔掉空秆和小株

在玉米田内，部分植株因不能授粉等因素，形成不结穗的空秆，有些低矮的小株不但白白地吸收水分和消耗养分，而且还与正常植株争光照，影响光合作用。因此，要把不结穗的植株和小株拔掉，从而把有效的养分和水分集中供给正常的植株。病株既不能构成产量，又空耗养分，而且还可传播病害，必须除去。

三、除掉无效果穗

一株玉米可以长出几个果穗，但成熟的只有1个，最多不超过2个。对确定不能成穗和不能正常成穗的小穗，应因地、因苗进行疏穗，去掉无效果穗、小穗和瞎果穗，减少水分和养分消耗，这部分养分和水分可集中供给大果穗和发育健壮的果穗，促进果穗早熟、穗大、不秃尖，提高百粒重。

四、隔行去雄和全田去雄

人工去雄是一项有效的增产措施，一般可增产4.1%～14.8%。在群体较大的高产田除去雄穗，增产效果更明显。去雄应在雄穗刚抽出而尚未开花散粉时多次进行。要掌握去雄时机，避免过早或过晚。在玉米雄花刚露出心叶时，每隔一行，拔除一行的雄穗，全田去雄量不超过60%，让其他植株的花粉落到拔掉雄穗的玉米植株的花丝上，使其授粉。在玉米授粉完毕、雄穗枯萎时，及时将全田所有的雄穗拔除。去雄可降低株高，防止倒伏，增加田间光照强度，减少水分、养分损耗，增加粒重，增产10%～12%；还可防治玉米螟，增产8%～10%。去雄时，地头、地边的植株不能去，而且不能带叶，否则会造成减产。

五、人工辅助授粉

人工辅助授粉，可减少秃顶、缺粒，增加穗粒数。辅助授粉对抽丝偏晚的植株以及群体偏大、弱株较多的地块效果更为明显。人工辅助授粉时间一般在上午 9 时至 11 时露水干后开始，中午高温到来前停止。花丝抽出后 1~10 天内均能受精，一般授粉 2~3 次，以每次隔 3~5 天为宜。可用容器收集壮株花粉，混合授在花丝上，也可在田间逐行用木棒轻敲未去雄的植株，促使花粉散开，以满足雌穗花丝的授粉要求。

六、打掉底叶

在玉米生育后期，底部叶片老化、枯死，已失去功能作用，要及时打掉，增加田间通风透光。减少养分消耗，减轻病害侵染。

七、及时浇水

玉米花粒期土壤水分状况是影响根系活力、叶片功能和决定粒数、粒重的重要因素之一。土壤水分不足制约根系对养分的吸收，加速叶片衰亡，减少粒数，降低粒重。因此，加强花粒期水分管理，是保根、保叶、促粒重的主要措施。

综合各地高产玉米水分管理的经验，玉米花粒期应灌好 2 次关键水：第一次在开花至籽粒形成期，是促粒数的关键水；第二次在乳熟期，是增加粒重的关键水。花粒期灌水要做到因土壤墒情而异，灵活运用，砂壤土、轻壤土应增加灌水次数；黏土、壤土可适时适量灌水；群体大的应增加灌水次数及灌水量。

在玉米生长后期，根系生长力逐渐减弱，不耐涝，若遇雨水过多或在低洼地，要注意排水，养护根，延长根系的活动期。

八、培土防倒伏

后期进行中耕培土，可以破除板结，增加通气性，有利于养分分解，促进根系呼吸，防早衰，促早熟。中耕与培土相结合，起到防止倒伏的作用。后期若遇暴风雨袭击，引起倒伏，植株互相压盖，难以自然恢复，应在倒伏后及时扶起并培土。

九、防治病虫害

花粒期常有玉米螟、黏虫、棉铃虫、蚜虫等为害，特别是近几年蚜虫为害程度有加重的趋势，应加强防治。一般用2.5%溴氰菊酯乳油1 000~1 500倍液、20%氯虫苯甲酰胺悬浮剂5 000倍液等喷洒雄穗防治玉米螟；叶面喷洒50%辛硫磷乳油1 500倍液防治黏虫、棉铃虫；撒施0.2%杀单·噻虫嗪颗粒剂50~60千克/亩防治蚜虫。抽丝期亦可用50%敌敌畏乳油800~1 000倍液喷花丝防治玉米螟、棉铃虫。

第五章 玉米病虫草害绿色防治技术

第一节 玉米病虫草害绿色防控综合技术

玉米病虫草害绿色防控综合技术运用农业、生态、物理、生物防治方法，以及施用生物农药、高效低毒低残留化学农药的方法，保护田间天敌生物，最大限度地减少化学农药使用次数和使用量，将病虫草害控制在经济允许损失水平以下，确保农业生产、农产品质量和农田生态环境安全。

一、农业防治

（一）优选品种，精耕细作

推广种植抗病虫的玉米品种，开展农机与农艺结合，精细田间管理，科学水肥管理，合理密植，培育健壮植株，增强植株抗病的能力，清除田间、地头杂草，铲除病虫栖息场所和寄主植物。收获后及时将秸秆粉碎深翻或腐熟还田，或离田处理，降低翌年病虫基数。

（二）合理布局，轮作换茬

同一区域避免大面积种植单一玉米品种，保持生态多样性，控制病虫害的发生。玉米茎腐病、丝黑穗病等常发区域，可与甘薯、大豆、棉花等非寄主作物轮作换茬。需注意选用对除草剂不敏感的轮作作物，防止除草剂残留药害。

（三）精准播量，适期下种

综合考虑玉米品种特性、气候等因素，适期适量播种，均匀下种，避免漏播。春玉米应在5~10厘米土层温度稳定在10℃以上时播种；夏玉米在油菜、豌豆、大蒜、小麦等作物收获后或收获前1周内，及时抢种或套种，避开灰飞虱一代成虫从麦田转移为害高峰期，降低粗缩病的为害。

二、理化诱控

利用害虫的趋光、趋波、趋化、趋色习性，在成虫发生期，田间设置杀虫灯、黄板、性诱剂等诱杀害虫。

（一）杀虫灯诱杀

田间设置杀虫灯可以对多种害虫的成虫进行诱杀，降低田间落卵量，减少化学农药使用量和使用次数。按30~40亩安装1盏频振式或太阳能杀虫灯，安装高度1.8~2.0米，在6月上旬玉米出苗前开灯，可以诱杀玉米螟、棉铃虫、二点委夜蛾、黏虫、金龟子、蝼蛄等害虫。

（二）黄板诱杀

利用昆虫的趋色性，于玉米苗期在田间悬挂黄色粘虫板，每亩挂20~25张黄色粘虫板，挂放高度以高于生长期玉米30厘米左右为宜，诱杀有翅蚜虫、蓟马等成虫，整个生长季节可更换粘虫板2~3次。

（三）性诱剂诱杀

在玉米螟、棉铃虫等害虫越冬代成虫始见期前5~7天，在玉米田间悬挂相应的性诱剂诱捕器，每亩1~2个，高度超过作物顶部20~30厘米，每5天清理1次诱捕器，每30天左右换1次诱芯。

三、生物防控

（一）利用害虫天敌

利用瓢虫、草蛉、食蚜蝇、蚜茧蜂、蜘蛛、鸟类、蛙类等害虫自然天敌，以虫治虫，如在玉米螟产卵高峰期，在田间放置“生物导弹”（赤眼蜂）以寄生玉米螟卵块，每亩放置“生物导弹”4~6个，挂在玉米叶片背面。

（二）生物制剂防治

可使用苦参碱、阿维菌素、氨基寡糖素、井冈霉素、蜡质芽孢杆菌等生物农药在玉米生长期防治玉米螟、棉铃虫、纹枯病等病虫害。也可选用白僵菌对冬季堆垛秸秆内越冬玉米螟进行处理，每立方米秸秆垛用菌粉100克（每克含孢子50亿~100亿个），在玉米螟化蛹前喷在垛上。

四、科学用药

坚持“病要防早，虫要治小”的原则，结合田间调查和测报，必要时选用高效低毒低残留农药进行防控，并注意农药交替使用，严格按照农药安全间隔期用药。

（一）播种期

可选用咯菌·精甲霜、丁硫·福美双、戊唑·吡虫啉、噻虫·咯·霜灵、甲霜·戊唑醇、福·克等进行种子包衣或拌种。包衣和拌种可使玉米出苗整齐，根系发达，生长健壮，提升抗逆能力，并且是防治玉米苗枯病、黑穗病、粗缩病、纹枯病等种传、土传病害的有效方法，还可预防地下害虫以及蓟马、灰飞虱等。

（二）苗期

1. 化学除草

主要有播后苗前土壤封闭、苗后茎叶喷雾和行间定向喷雾3种。播后苗前土壤封闭可用乙草胺或异丙甲草胺等除草剂进行地表喷雾，防治苗期杂草，此方法对田间墒情和整洁度要求较高，如出现干旱或小麦收获留茬高、残留秸秆覆盖厚，则效果不佳。目前多采用苗后茎叶喷雾，在玉米3~5叶期、杂草2~4叶期，用烟嘧·莠去津或砜嘧·莠去津进行喷雾，莎草发生严重田块可用2甲4氯水剂进行防除；在玉米6~8叶期，还可用硝磺草酮或草铵膦进行行间定向喷雾。

2. 病虫害防治

在玉米2~5叶期，可用吡虫啉、吡蚜酮等均匀喷雾，防治灰飞虱、蓟马等苗期害虫，预防玉米粗缩病；对二代黏虫、棉铃虫、甜菜夜蛾等杂食性害虫发生田块，可用甲氨基阿维菌素苯甲酸盐、氯虫苯甲酰胺或菊酯类农药喷雾防治；对二点委夜蛾重发田块，可用炒香的麦麸加敌百虫拌毒饵，于傍晚顺垄撒施进行诱杀。

（三）大喇叭口期

用辛硫磷或敌百虫拌细沙土制成颗粒剂进行丢心或每亩用苏云金杆菌或氯虫苯甲酰胺喷雾防治玉米螟幼虫；对细菌性茎腐病常发田块，发病初期喷施氢氧化铜，防效较好。

（四）穗期

喷施三唑酮、烯唑醇等杀菌剂，防治叶部、穗部病害；喷施吡虫啉、吡蚜酮等防治后期蚜虫、叶蝉；喷施氯虫苯甲酰胺、氟虫双酰胺等防治棉铃虫、玉米螟、甜菜夜蛾等穗部害虫。防治时可将杀虫剂、杀菌剂、植物免疫诱抗剂（氨基寡糖素、芸苔素内酯、赤·吲乙·芸苔等）、叶面肥（氨基酸、腐植酸类等）等混合喷施，能兼治病虫害、有效提高玉米抗逆性（缓解药害、干旱、涝害、土壤板结等），促进植物健壮生长。

五、农药减施增效技术

农药减施增效是在保障作物生长安全的前提下，依靠科技进步，推广新型农药，提升装备水平，转变防控方式，实现农药减量控害，构建资源节约型、环境友好型病虫草害可持续治理体系。

（一）合理选用药剂

一是选用高活性、新剂型农药替代常规农药，提高药剂防效，降低农药使用量。二是选用高效助剂，辅助改善农药物理或化学性能，最大限度地发挥药效。试验表明，合理选用植物油助剂或有机硅类助剂配合农药施用，在同等防效下，可降低农药使用量的20%~40%。三是施用植物免疫诱抗剂，如氨基寡糖素、芸苔素内酯、赤·吲乙·芸苔等，可有效提高植株抗逆的能力，从而减少农药使用量和使用次数。

（二）推广高效药械和精准施药系统

传统的背负式喷雾器雾滴粗、流量大、“跑、冒、滴、漏”现象较多，药物流失浪费严重，利用率低，不但施药效果差，还易造成药害事故和环境污染。新型的施药机械如自走式喷杆喷雾机、植保无人机及其精准施药系统，药液流速和流量稳定、可控，雾化细、附着性好，且施药均匀，农药利用率高。试验表明，在同样施药量下，机械作业比人工喷雾的防效提高10%左右，同等防效下，机械施药可以降低农药使用量的10%~20%。

（三）开展统防统治

病虫害在田间发生时往往会“漏治一点，为害一片”，特别是对于具有暴发性、流行性、迁飞性特点的重大病虫害，在防治

不力时，易反复交叉侵染、传播为害，小规模分散防治难以控制其为害。在一定区域内统一、快速、高效、准确地开展防治，能有效提高农药利用率，实现农药减量控害。试验表明，统防统治比农户分散自治可以提高防效10%左右，减少用药使用量的10%~20%。

第二节　玉米病害防治技术

一、玉米锈病

玉米锈病包括普通锈病、南方锈病、热带锈病和秆锈病4种。在我国以普通锈病分布最广，南方锈病在局部地区发生。普通锈病病原为高粱柄锈菌；南方锈病病原为多堆柄锈菌。玉米锈病常在玉米生长后期发病，个别地区或个别年份发病严重，造成植株早枯，籽粒不饱满而减产。

（一）病害特征

玉米锈病从幼苗期到成株期均可发病而造成较大的损失，以抽雄期、灌浆期发病重，随后发病逐渐降低。该病主要为害叶片、叶鞘，严重时也可侵染果穗、苞叶乃至雄花。初期仅在叶片两面散生浅黄色长形至卵形褐色小脓疱，后小脓疱破裂，散出铁锈色粉状物，即病菌夏孢子；后期病斑上生出黑色近圆形或长圆形突起，开裂后露出黑褐色冬孢子，长1~2毫米。

（二）发生规律

锈菌是专性寄生菌，只能在寄主上存活，脱离寄主后，很快死亡。在自然条件下，玉米锈病病原菌的转主寄主是酢浆草。玉米上产生的冬孢子越冬后萌发，产生担孢子，担孢子侵染酢浆草，在酢浆草上相继产生性孢子和锈孢子。锈孢子侵染玉米，玉米发病后产生夏孢子堆和夏孢子。夏孢子释放后，随气流扩散传播，继续侵染玉米。在整个玉米生长季节，可发生数次至十余次再侵染，酿成锈病流行。至玉米生长季末期，在玉米上又产生冬孢子，进入越冬。在栽培条件下，病原菌以夏孢子侵染不同地区、不同茬口的玉米，完成周年循环，转主寄主不起作用。在南方，终年有玉米生长，锈病可以在各茬玉米之间接续侵染，辗转为害。北方玉米发病的初侵染菌源来自南方，是随高空气流远距离传播的夏孢子。温度适中、多雨高湿的天气适于普通锈病发生，气温16~23℃、相对湿度100%时发病重。对普通锈病感病的品种较多，例如丹玉13、铁单8号、掖单12、掖单2号、掖单4号、掖单13、西玉3号和沈单7号等。但抗病性多是小种专化的，锈菌小种区系改变，品种抗病性也随之变化。

（三）防治方法

1. 农业防治

选用抗病、耐病优良品种；施用酵素菌沤制的堆肥、充分腐熟的有机肥，采用配方施肥，增施磷、钾肥，避免偏施、过施氮肥，以提高植株的抗病性；加强田间管理，清除酢浆草和玉米病残体并集中深埋或烧毁，以减少该病菌侵染源。

2. 药剂防治

在锈病发病初期及时喷洒40%硫磺·多菌灵悬浮剂600倍液、50%硫磺悬浮剂300倍液、25%丙环唑乳油3 000倍液、12.5%烯唑醇可湿性粉剂4 000~5 000倍液、25%三唑酮可湿性粉剂1 000~1 500倍液或50%多菌灵可湿性粉剂500~1 000倍液，间隔10天左右叶面喷洒1次，连续防治2~3次效果更佳。

二、玉米小斑病

玉米小斑病是玉米生产中的重要病害之一，广泛分布在我国

各玉米产区，以夏收玉米种植区发生最多。

（一）病害特征

玉米小斑病从幼苗期到成株期均可发病而造成损失，以抽雄期、灌浆期发病重，随后发病逐渐降低。该病主要为害叶片，也为害叶鞘和苞叶。与玉米大斑病相比，叶片上的病斑明显小但数量多。病斑初为水浸状，后变为黄褐色或红褐色，边缘颜色较深，一般大小为（5~10）毫米×（3~4）毫米。病斑密集时互相连接成片，形成大型枯斑，多从植株下部叶片先发病，向上蔓延、扩展。

叶片病斑形状因品种抗性不同，有3种类型。

一是不规则椭圆形病斑，或受叶脉限制表现为近长方形，有较明显的紫褐色或深褐色边缘。

二是椭圆形或纺锤形病斑，扩展不受叶脉限制，病斑较大，呈灰褐色或黄褐色，无明显深色边缘，病斑上有时出现轮纹。

三是黄褐色坏死小斑点，基本不扩大，周围有明显的黄绿色晕圈，此为抗性病斑。

（二）发生规律

玉米小斑病病原为玉米离蠕孢菌。该菌主要以菌丝体在病残体上越冬，其次是在带病种子上越冬。在适宜温度、湿度条件下，越冬菌源产生分生孢子，随气流传播到玉米植株上，在叶面有水膜的条件下萌发侵入，遇到适宜发病的温度、湿度条件，经5~7天即可重新产生分生孢子进行再侵染，造成病害流行。在田间，最初在植株下部叶片发病，然后向周围植株水平扩展、传播扩散，病株率达到一定数量后，向植株上部叶片扩展。该病病菌产生分生孢子的适宜温度为23. 0~25. 0℃，适于田间发病的日均温度为25. 7~28. 3℃。7—8月，如果月均温度在25℃以上，在雨日、雨量多或露日、露量多的年份和地区，田间相对湿度高，

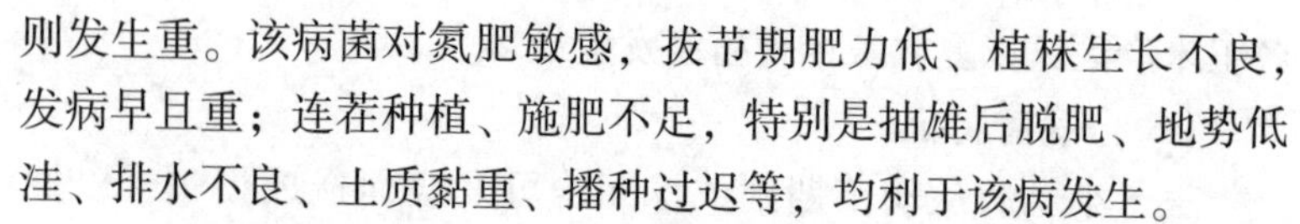

则发生重。该病菌对氮肥敏感，拔节期肥力低、植株生长不良，发病早且重；连茬种植、施肥不足，特别是抽雄后脱肥、地势低洼、排水不良、土质黏重、播种过迟等，均利于该病发生。

（三）防治方法

1. 农业防治

选择抗病、耐病品种，加强田间管理，消除越冬病源，做好秸秆还田、病株病叶残体焚烧或深埋，减少病原菌，降低初侵染病源。要合理密植，增施有机肥，合理浇水、排水，及时中耕除草，促使玉米生长健壮，提高抗病力。

2. 药剂防治

做好种子处理：用烯唑醇、福美双种衣剂包衣种子，或者用多菌灵、辛硫磷、三唑酮、代森锰锌按种子量的 0.4%拌种。当发现叶片上有病斑时，可用65%代森锌可湿性粉剂或50%多菌灵可湿性粉剂或70%甲基硫菌灵可湿性粉剂等抗菌类药剂 500~800 倍液喷雾防治，每 5~7 天喷 1 次，连喷 2~3 次，可有效控制小斑病。

三、玉米大斑病

玉米大斑病在我国分布广，主要发生在气候较凉爽的玉米种植区，以东北、华北北部、西北、西南及其他海拔较高的地区发生严重。一般年份可造成减产 5%左右；严重年份，感病品种的损失在 20%以上。

（一）病害特征

玉米大斑病病原为玉米大斑突脐蠕孢菌。该菌主要为害叶片，严重时也可为害叶鞘、苞叶和籽粒。一般从下部叶片开始发病，逐渐向上扩展。苗期很少发病，拔节期后病斑开始出现，抽雄后发病加重。发病部位最先出现水渍状小斑点，然后沿叶脉迅

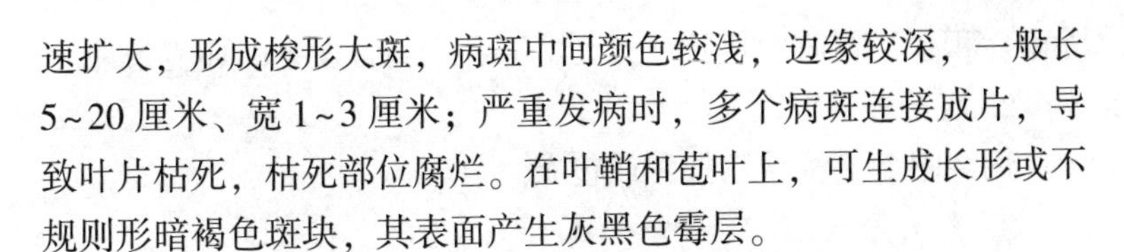

速扩大，形成梭形大斑，病斑中间颜色较浅，边缘较深，一般长5~20厘米、宽1~3厘米；严重发病时，多个病斑连接成片，导致叶片枯死，枯死部位腐烂。在叶鞘和苞叶上，可生成长形或不规则形暗褐色斑块，其表面产生灰黑色霉层。

（二）发生规律

玉米大斑病病菌主要以菌丝体随散落田间的病残体越冬，春季在病残体上产生分生孢子，由风雨传播，着落到玉米叶片上，产生初侵染。玉米大斑病多发生于温度较低、湿度较高的地区，因而我国东北、西北、华北北部春玉米区和南方山区春玉米区病害发生较重。大斑病病菌分生孢子萌发和侵入的适温范围为20~27℃，最适温度为23℃，在3℃以下和35℃以上基本不能侵入。病斑上产生孢子的适宜温度为20~26℃，最适温度为23℃，在5℃以下和35℃以上基本不产生孢子。无论孢子产生还是孢子萌发，都需要90%以上的湿度或叶面有露水。在北方春玉米产区，6—7月的降水量是影响大斑病发病程度的关键因素。例如，吉林省若6月和7月的降水量都超过80毫米，雨日较多，加之8月雨量适中，则为重病年。若这两个月的雨量和雨日都少，尤其7月的雨量低至40毫米以下，那么即使8月雨量适中，仍为轻病年。玉米连茬地和靠近村庄的地块，越冬菌源量多，初侵染发生得早而多，再侵染频繁，发病率较高。若肥水管理不良，玉米植株生育后期脱肥，则抗病力降低，发病加重。

（三）防治方法

1. 农业防治

以选择抗病、耐病品种，加强田间肥水管理，合理密植为主；及时消除田间残茬、病株，及早焚烧或深埋，降低越冬病源基数，减少翌年该病害发生的初侵染源；加强田间管理，培育壮苗，提高植株抗病能力；合理密植，增施有机肥，合理浇水和排除雨后积水，及时中耕除草，创造不利于病害发生的环境条件。

2. 种子处理

用烯唑醇、福美双拌种或包衣。

3. 药剂防治

当发现叶片上有病斑时，可用65%代森锌可湿性粉剂或50%多菌灵可湿性粉剂等抗菌类药剂防治。

四、玉米圆斑病

玉米圆斑病病原为玉蜀黍离蠕孢菌。该病仅在我国部分地区发生，吉林、河北、北京、云南等地病害较重。

（一）病害特征

圆斑病菌主要侵染玉米叶片、叶鞘、苞叶和果穗。在叶片上产生褐色病斑，因小种和品种不同，病斑的形状和大小有明显差异。吉 63 玉米染病后通常产生近圆形、卵圆形病斑，略具轮纹，中部浅褐色，边缘褐色，有时具黄绿色晕圈，长径大的可达 3~5 毫米。有的品种病叶上产生狭长形、近椭圆形病斑，中部黄褐色，边缘深褐色，病斑狭窄，2 个或 3 个病斑可首尾相连。还有的小种产生较狭长条形斑、同心轮纹斑等。圆斑病的病斑在高湿条件下也会形成黑色霉层。玉米圆斑病果穗发病仅见于吉 63 等少数玉米自交系。苞叶上也产生褐色病斑，呈近圆形或不规则形，有轮纹和黑色霉层，但也有表面没有霉层的。病果穗的部分籽粒或全部籽粒与穗轴都发生黑腐，果穗变形弯曲，籽粒变黑干瘪，不发芽。果穗表面和籽粒间长出黑色霉状物。

（二）发生规律

玉米圆斑病病菌主要以菌丝体随病残体在地面和土壤中越冬。种子也能带菌传病，病原菌以菌丝体潜藏在种子内部，也能以菌丝体和孢子附着在种子外表。翌年春季，越冬病原菌生出分

生孢子，随风雨传播而侵染玉米。在一个生长季节可发生多次再侵染。病原菌首先侵染玉米植株的下部叶片，陆续扩展到上部叶片、苞叶和果穗。玉米苗期就可被侵染，但一般在喇叭口期至抽雄期始发，灌浆期至乳熟期盛发。对于感病品种，气象条件是决定发病程度的重要因素。7—8 月高温多雨、田间湿度大的年份发病重，而干旱少雨的年份发病轻。遗留病残体多的重茬田块、低洼多湿田块、单施追肥而后期脱肥的田块发病都较重。适当晚播的，果穗抽出时已躲过高温多雨季节，因而比早播的发病轻。施足基肥、适当追施氮肥的田块发病也轻。玉米自交系和杂交种的抗病性有明显差异。圆斑病病菌有多个生理小种，需加强监测，了解小种区系的变化。

(三) 防治方法

1. 种植抗病品种

抗玉米圆斑病的自交系和杂交种有二黄、铁丹 8 号、英 55、辽 1311、吉 69、武 105、武 206、齐 31、H84、吉单 107、春单 34、荣玉 188、正大 2393 和金玉 608 等。虽然在推广品种中不乏抗病杂交种，但由于各地病原菌小种不同，在鉴选和推广抗病品种时一定要注意小种差异。

2. 农业防治

要搞好田间卫生，及时清除田间病残体，深埋秸秆，施用不含病残体的腐熟的有机肥，播种不带菌的健康种子。要加强水肥管理，降低田间湿度，培育壮苗、壮株。在发病初期及时摘除病株底部的病叶。

3. 药剂防治

播种前用 15%三唑酮可湿性粉剂按种子重量的 0. 3%进行拌种，在发病初期喷施杀菌剂，具体方法参见玉米大斑病和小斑病的药剂防治。

五、玉米灰斑病

玉米灰斑病是真菌性病害，又称尾孢叶斑病、玉米霉斑病，除侵染玉米外，还可侵染高粱、香茅、须芒草等多种禾本科植物。玉米灰斑病是近年发病率上升很快、为害较严重的病害之一。

（一）病害特征

玉米灰斑病主要为害玉米叶片，也侵染叶鞘和苞叶。发病初期在叶脉间形成圆形、卵圆形褪绿斑，扩展后成为黄褐色至灰褐色的近矩形、矩形条斑，局限于叶脉之间，与叶脉平行。成熟的矩形病斑中央灰色、边缘褐色，长5~20毫米、宽2~3毫米。高湿时病斑两面生灰色霉层，背面尤其明显，此时病斑灰黑色，不透明。病斑可相互会合，形成大斑块，造成叶枯。苞叶上易出现纺锤形或不规则形大病斑，病斑上有灰黑色霉层。

（二）发生规律

玉米灰斑病病菌主要随玉米病残体越冬。在干燥条件下保存的玉米病残体中，病原菌的菌丝体、分生孢子梗、分生孢子和子座都能顺利越冬。在潮湿条件下，病原菌只能在田间地表的病残体中越冬，但至翌年5月初已基本丧失生活力。在埋于土壤中的病残体中，病原菌不能越冬存活。玉米种子也能带菌传病。越冬病原菌在适宜条件下产生分生孢子，分生孢子随气流和雨滴飞溅而传播。着落在玉米叶片上时，若叶片上有水膜，分生孢子便萌发，产生芽管和侵入菌丝，从叶片气孔侵入。玉米发病后，病斑上又产生分生孢子梗和分生孢子，分生孢子随风雨传播后进行再侵染。在一个生长季节中，可发生多次再侵染。许多栽培因子也会影响玉米灰斑病的发生。在沈阳地区，早播发病较重，晚播发病较轻；岗地发病较轻，平地和洼地发病较重。土壤质地对玉米

灰斑病也有影响，一般壤土发病较轻，砂土和黏土发病都较重。增施肥料能不同程度地减轻病害，而施用氮肥少、植株生长后期脱肥的地块发病较重。免耕或少耕的田块，病残体积累多，发病也较重。间作比单作玉米发病轻。

（三）防治方法

1. 农业防治

收获后及时清除病残体，减少病菌源数量；选用抗病、耐病品种，进行大面积轮作、间作；加强田间管理，雨后及时排水，防止地表积水滞留使土壤湿度过大。

2. 药剂防治

发病初期喷洒75%百菌清可湿性粉剂500倍液、50%多菌灵可湿性粉剂600倍液、30%敌瘟磷乳油800~900倍液、50%苯菌灵可湿性粉剂1 500倍液或20%三唑酮乳油1 000倍液，选择1种每隔1周喷洒1次，交替用药连续喷2~3次效果更好。

六、玉米褐斑病

玉米褐斑病在我国发生十分普遍，由于病害主要发生在玉米生长中后期，一般对产量影响不显著。但在一些感病品种上，常导致玉米生长前期病叶快速干枯，引起产量损失。

（一）病害特征

玉米褐斑病一般从下部叶片开始发病，逐渐向上扩展蔓延。玉米褐斑病从幼苗期到成株期均可发病而造成较大的损失，以抽雄期、灌浆期发病重，随后发病逐渐降低。该病是真菌性病害，病菌主要为害叶片、叶鞘，病斑主要集中在叶片或叶鞘上，病斑初期呈黄色水渍状小斑点，后变为黄褐色或红褐色梭形小斑，病斑中间颜色较浅，边缘颜色较深。后期病斑破裂，散出黄色粉状物，并形成黑褐色斑点。发病严重时，多个病斑连接成片，叶片枯死部位干枯，影响叶片光合效率，容易养分不足造成籽粒干瘪。

（二）发生规律

玉米褐斑病病菌以休眠孢子囊在土壤或病残体中越冬。翌年休眠孢子囊随风雨传播，萌发产生游动孢子，游动孢子萌发产生侵入丝，侵入玉米幼嫩组织。玉米多在喇叭口期始见发病，抽穗至乳熟期症状更加明显。

病原菌的休眠孢子囊萌发需要水滴和较高的温度（23～30℃）。高温、高湿、长时间降水适于发病。南方发病较重；北方夏玉米栽培区若 6 月中旬至 7 月上旬降水多、湿度高，发病相应会增多。

实行玉米秸秆直接还田后，田间地面散布较多病残体，侵染菌源增多，发病趋重。植株密度高的田块，地力贫瘠、施肥不足、植株生长不良的田块，发病都较重。

玉米自交系和杂交种间抗病性有明显差异。黄淮海夏玉米区大面积种植的郑单 958、鲁单 981 等杂交种高度感病。据调查，自交系黄早 4、掖 478、塘四平头、改良瑞德系等高度感病，用感病自交系组配的杂交种也感病。高感病品种连作，土壤中菌量逐年增加，就会导致褐斑病的流行。

（三）防治方法

1. 农业防治

清洁田间病株残体，在玉米收获后彻底清除病残体组织，重病地块不宜进行秸秆直接还田，如需还田应充分粉碎，并深翻土壤；增施磷、钾肥，施足底肥，适时追肥，施用充分腐熟的有机肥，注意氮、磷、钾肥搭配；田间发现病株，应立即治疗或拔除；选用抗病、耐病品种。

2. 药剂防治

在玉米 4～5 叶期或发病初期，用 15% 三唑酮可湿性粉剂

1 000 倍液或 12.5%烯唑醇可湿性粉剂 1 000 倍液喷雾。为了提高植株抗性，可结合喷药，在药液中适当加磷酸二氢钾、尿素等，一般间隔 10~15 天，交替用药再喷 1 次，连喷 2~3 次效果更佳。

七、玉米青枯病

（一）病害特征

玉米青枯病又称玉米茎基腐病或茎腐病，是世界性的玉米病害，在我国近年来才有严重发生。该病一般在玉米中后期发病，常见的在玉米灌浆期开始发病，乳熟末期到蜡熟期为高峰期，属一种暴发性、毁灭性病害，特别是在多雨寡照、高湿高温气候条件下容易流行，严重者减产 50%左右，发病早的甚至导致绝收。感病后最初植株表现出萎蔫，之后叶片自下而上迅速失水枯萎，叶片呈青灰色或黄色，逐渐干枯，表现为青枯或黄枯。

病株雌穗下垂，穗柄柔韧，不易剥落，籽粒瘪瘦，无光泽且脱粒困难。茎基部 1~2 节呈褐色失水皱缩、变软，髓部中空，或茎基部 2~4 节有呈梭形或椭圆形水浸状病斑，绕茎秆逐渐扩大，变褐腐烂，易倒伏。根系发育不良，侧根少，根部呈褐色腐烂，根皮易脱落，病株易拔起。根部和茎部有絮状白色或紫红色霉状物。

（二）发生规律

引起青枯病的病原菌种很多，在我国主要为镰刀菌和腐霉菌。镰刀菌以分生孢子或菌丝体、腐霉菌以卵孢子在病残体内/外及土壤内存活越冬，带病种子是翌年的主要侵染源。病菌借风雨、灌溉、机械、昆虫携带传播，通过根部或根茎部的伤口侵入或直接侵入玉米根系或植株近地表组织并进入茎节，导致营养和水分输送受阻，叶片青枯或黄枯、茎基缢缩、雌穗倒挂、整株枯

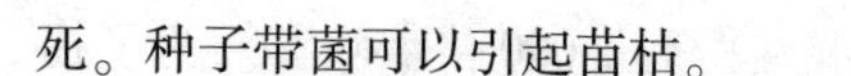

死。种子带菌可以引起苗枯。

玉米籽粒灌浆和乳熟阶段遇较强的降水、雨后暴晴、土壤湿度大、气温剧升，往往导致该病暴发成灾。雌穗从吐丝期至成熟期，降水多、湿度大，发病重；砂土、土地瘠薄、排灌条件差、玉米生长弱的田块发病较重；连作、早播发病重。玉米品种间抗病性存在明显差异。

（三）防治方法

1. 农业防治

选用抗病、耐病品种。发病初期及时消除病株残体，并集中烧毁；收获后深翻土壤，也可减少和控制侵染源。玉米生长后期结合中耕、培土，增强根系吸收能力和通透性，雨后及时排出田间积水。合理施用硫酸锌、硫酸钾、氯化钾，可降低玉米细菌性茎腐病发病率。

2. 种子处理

用种衣剂包衣，建议选用咯菌·精甲霜悬浮种衣剂包衣种子，能有效杀死种子表面及播种后种子附近土壤中的病菌。

3. 药剂防治

一是防治害虫，减少伤口。二是喷药防病。用50%多菌灵可湿性粉剂600倍液+25%甲霜灵可湿性粉剂500倍液，或用58%甲霜·锰锌可湿性粉剂600倍液，在拔节期到喇叭口期喷雾预防，间隔7~10天，交替用药，连续喷药2~3次效果更佳。发现田间零星病株可用25%甲霜灵可湿性粉剂400倍液或50%多菌灵可湿性粉剂500倍液灌根，每株灌药液500毫升。在玉米细菌性茎腐病发病初期用77%氢氧化铜可湿性粉剂600倍液或每亩用50%氯溴异氰尿酸可湿性粉剂50~60克，兑水30千克喷雾，7~10天后再喷1次。

八、玉米纹枯病

玉米纹枯病病原菌主要有3种，即立枯丝核菌、禾谷丝核菌

和玉蜀黍丝核菌。玉米纹枯病在我国各玉米种植区均普遍发生，尤以南方潮湿阴雨地区和沿海地区发生严重。

（一）病害特征

玉米纹枯病主要为害叶鞘，其次是叶片、果穗及苞叶。发病严重时，能侵入坚实的茎秆，但一般不引起倒伏。最初从茎基部叶鞘感病，后侵染叶片并向上蔓延。发病初期，先生出水渍状灰绿色的圆形或椭圆形病斑，由灰绿色逐渐变成白色至淡黄色，后期变为红褐色云纹斑块。叶鞘受害后，病菌常透过叶鞘而为害茎秆，形成下陷的黑褐色斑块。湿度大时，病斑上常出现很多白霉，即菌丝和担孢子。温度较高或植株生长后期，不适合病菌扩大为害时，即产生菌核。菌核初为白色，老熟后呈褐色。当环境条件适宜，病斑迅速扩大发展，叶片萎蔫，植株似水烫过一样呈暗绿色腐烂而枯死。

（二）发生规律

玉米纹枯病以遗留在土壤中和病残株上的菌丝、菌核越冬，病株上的菌丝经过越冬后仍能存活，为其初侵染和再侵染的来源之一。通过病株上存活的菌丝接触寄主茎基部表面发病。发病后菌丝又从病斑处伸出，很快向上、向左右邻株蔓延，形成二次和多次侵染。病株上的菌核落在土壤中，成为第二次侵染源。形成病斑后，病菌气生菌丝伸长，向上部叶鞘发展，病菌常透过叶鞘而为害茎秆，形成下陷黑色斑块。担孢子借风力传播而造成再次侵染，也可以侵害与病部接触的其他植株。从玉米幼苗期到成株期均能为害，一般先向茎基部叶鞘发生，逐渐向上和四周发展，一般在玉米拔节期开始发病，抽雄期病情发展快，吐丝灌浆期受害重。玉米连茬种植，土壤中积累的菌源量大、发病重；高水肥条件下，玉米生长旺盛，种植密度过大，田间湿度高，通风透光不良，容易诱发病害；7—8 月降水次数多且量大，也利于病害流行。病菌的菌丝生长温度最低为7~10℃，最适宜温度为26~30℃，最高温度为38~39℃。

（三）防治方法

玉米纹枯病多为土传病害，防治时应采取以清除病原、选用抗病品种、降低田间湿度、剥掉基部发病叶鞘、涂石灰水等为基础；使用化学药剂防治，每亩可用5%井冈霉素可溶粉剂100~150克或50%甲基硫菌灵可湿性粉剂100克，兑水60~70千克喷施于感病部位。

九、玉米红叶病

（一）病害特征

玉米红叶病属于媒介昆虫蚜虫传播的病毒病，主要发生在甘肃，在陕西、河南、河北等地也有发生。该病主要为害麦类作物，也侵染玉米、谷子、糜子、高粱及多种禾本科杂草。在红叶病重发生年，对生产有一定影响。

病害初发生于植株叶片的尖端，在叶片顶部出现红色条纹。随着病害的发展，红色条纹沿叶脉间组织逐渐向叶片基部扩展，并向叶脉两侧组织发展，变红区域常常能够扩展至全叶的1/3~1/2，有时在叶脉间仅留少部分绿色组织，发病严重时引起叶片干枯死亡。

（二）发生规律

玉米红叶病病原菌为大麦黄矮病毒，传毒蚜虫有禾谷缢管蚜、麦二叉蚜、麦长管蚜、麦无网蚜和玉米蚜等。在冬麦区，传毒蚜虫在夏玉米、自生麦苗或禾本科杂草上为害越夏，秋季迁回麦田为害。传毒蚜虫以若虫、成虫或卵在麦苗和杂草基部或根际越冬。翌年春季继续为害和传毒。秋、春两季是黄矮病毒传播侵染的主要时期，春季更是主要流行时期。麦田发病重、传毒蚜虫

密度高，玉米发病也加重。玉米品种间发病有差异。病害发生的严重程度与当年蚜虫种群数量有关。

（三）防治方法

1. 农业防治

在发病地区不种植高度感病的玉米品种；加强玉米栽培管理，适期播种，合理密植，清除田间杂草。

2. 药剂防治

防蚜控病，搞好麦田黄矮病和麦蚜的防治，减少侵染玉米的毒源和介体（蚜虫），可有效减轻玉米红叶病的发生。

十、玉米矮花叶病

玉米矮花叶病又叫花叶条纹病、黄绿条纹病，病原为玉米矮花叶病毒。该病在我国各玉米产区均有发生，以华北大部、西南及西北的部分地区发生较重，一般可使玉米减产 5%～10%，重发生年可造成明显损失。

（一）病害特征

玉米整个生育期都可以感染发病，以苗期受侵染的植株症状明显，损失严重。病菌最初在心叶基部叶脉间出现许多椭圆形褪绿小点或斑驳，沿叶脉排列成断续的、长短不一的条点。症状逐渐扩展至全叶，在粗脉间形成几条长短不同、颜色深浅不一的褪绿条纹，叶肉失绿变黄，叶脉仍保持绿色，因而又被称为花叶条纹病。病情进一步发展，叶色变黄，组织变硬变脆以至干枯。病株多数提前枯死，不能抽穗。

（二）发生规律

玉米矮花叶病病毒在雀麦、牛鞭草等寄主上或在某些品种的种子内越冬，成为重要的初侵染源，由玉米蚜、桃蚜、二叉蚜等多种蚜虫传播。发病潜育期在 20～32℃时约 7 天，35℃以上时

4~5天。带毒蚜虫数量大、玉米生长瘦弱、气候干旱、管理粗放的地块发病严重。

（三）防治方法

种植抗病品种，适期播种，拔除病株销毁，用药剂防治好蚜虫。

十一、玉米瘤黑粉病

（一）病害特征

玉米瘤黑粉病为玉米比较普遍的一种病害，为局部侵染病害，植株地上幼嫩组织和器官均可感染发病，病部的典型特点是会产生肿瘤。初发病瘤呈银白色，表面组织细嫩有光泽，并迅速膨大，常能冲破苞叶而外露，表面逐渐变暗，略带浅紫红色，内部则变成灰色至黑色，失水后当外膜破裂时，散出大量黑粉孢子。叶上、茎秆上发病形成密集成串小肿瘤，雄穗、雌穗发病可部分或全部变成较大的肿瘤。发病严重时，影响植株代谢和养分积累，容易造成养分消耗过多而使籽粒干瘪，严重的可减产15%以上。

（二）发生规律

玉米瘤黑粉病病原菌主要以冬孢子在土壤中或病株残体上越冬，成为翌年的侵染菌源。未腐熟堆肥中的冬孢子和种子表面污染的冬孢子也可以越冬传病。病田连作，收获后不及时清除病残体，施用未腐熟农家肥，都会使田间菌源增多，发病趋重。越冬后的冬孢子萌发产生担孢子，不同性别的担孢子结合，产生双核侵染菌丝，从玉米幼嫩组织直接侵入，或者从伤口侵入。在玉米整个生育期都可以侵染致病。早期形成的肿瘤产生冬孢子和担孢子，可随气流、雨水、昆虫分散传播，引起再侵染。玉米瘤黑粉病是一种局部侵染的病害。病原菌在玉米体内虽能扩展，但通常

扩展距离不长，在苗期能引起相邻几节的节间和叶片发病。

玉米抽雄前后遭遇干旱，抗病性明显被削弱，此时若遇到小雨或结露，病原菌得以侵染，就会严重发病。玉米生长前期干旱，后期多雨高湿，或干湿交替，也有利于发病。遭受暴风雨、冰雹袭击，或发生严重虫害的田块，玉米伤口增多，发病趋重。种植密度过大、偏施氮肥的田块，玉米组织柔嫩，也有利于病原菌侵染发病。

玉米品种间的抗病性有明显差异，一般耐旱的品种、果穗苞叶长而紧裹的品种和马齿型玉米较抗病，甜玉米较感病。

（三）防治方法

1. 农业防治

选择抗病、耐病品种种植；做好种子处理，可用克菌丹等按种子重量的4%进行药剂拌种，或用种衣剂包衣种子；秸秆还田用作肥料时要充分腐熟，该病害严重的地块或地区，秸秆不宜直接还田；田间遗留的病残组织应及时深埋，减少或消灭病菌侵染源；加强田间管理，及时灌水，合理追肥，合理密植，增加光照，增强玉米抗病能力。

2. 药剂防治

在玉米抽雄前10天左右，可选用15%三唑酮可湿性粉剂750~1 000倍液、12.5%烯唑醇可湿性粉剂750~1 000倍液、10%苯醚甲环唑水分散粒剂2 000~2 500倍液、25%丙环唑乳油500~1 000倍液、25%咪鲜胺乳油500~1 000倍液或30%氟菌唑可湿性粉剂2 000~3 000倍液喷雾，7~10天1次，连喷2~3次。

十二、玉米顶腐病

（一）病害特征

玉米顶腐病可分为真菌性镰刀菌顶腐病、细菌性顶腐病2种

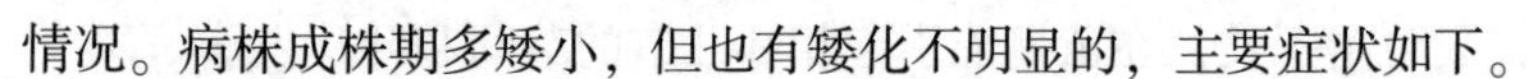

情况。病株成株期多矮小，但也有矮化不明显的，主要症状如下。

（1）叶缘缺刻型　感病叶片的基部或边缘出现缺刻，叶缘和顶部褪绿呈黄亮色，严重时叶片的半边或者全叶脱落，只留下叶片中脉以及中脉上残留的少量叶肉组织。

（2）叶片枯死型　叶片基部边缘褐色腐烂，有时呈“撕裂状”或“断叶状”，严重时顶部4~5叶的叶尖或全叶枯死。

（3）扭曲卷裹型　顶部叶片卷缩成直立“长鞭状”。有的在形成鞭状时被其他叶片包裹而不能伸展，形成“弓状”；有的顶部几个叶片扭曲缠结而不能伸展，常呈“撕裂状”“皱缩状”。

（4）叶鞘、茎秆腐烂型　穗位节的叶片基部变褐色腐烂的病株，常常在叶鞘和茎秆髓部也出现腐烂，叶鞘内侧和紧靠的茎秆皮层呈“铁锈色”腐烂，剖开茎部，可见内部维管束和茎节出现褐色病点或短条状变色，有的出现空洞，内生白色或粉红色霉状物，刮风时容易折倒。

（5）弯头型　穗位节叶基和茎部感病发黄，叶鞘茎秆组织软化，植株顶端向一侧倾斜。

（6）顶叶丛生型　有的品种感病后顶端叶片丛生、直立。

（二）发生规律

玉米顶腐病病原菌在土壤、病残体和带菌种子中越冬。种子带菌可远距离传播，使发病区域不断扩大。玉米抽雄前为该病的盛发期。该病具有某些系统侵染的特征，病株产生的分生孢子还可以随风雨传播，进行再侵染。在低温、多雨高湿条件下发生严重；土质黏重、低洼冷凉地块发病重；品种间抗性差异大。

（三）防治方法

1. 农业防治

秸秆还田后深耕土壤，及时清除病株残体，减少病原菌数量；选用抗病、耐病品种，合理轮作、间作，能有效减少该病的

发生；培肥土壤，适量追氮肥，尤其对发病较重地块更要及早追施，也可叶面喷施营养剂补充营养元素，促苗早发、健壮，提高抗病能力。

2. 适时化学除草

消灭杂草，减少蓟马、蚜虫等传毒害虫，为玉米苗健壮生长提供良好的环境，以增强其抗病能力。

3. 药剂防治

合理使用药剂防治，发病地块可用广谱性杀菌剂进行防治，如用50%多菌灵可湿性粉剂500倍液、12.5%烯唑醇1 000倍液喷施、25%三唑酮乳油1 000倍液、58%代森锰锌可湿性粉剂1 000倍液喷雾防治、58%甲霜灵锰锌可湿性粉剂300倍液，或75%百菌清可湿性粉剂500倍液等进行防治。

十三、玉米丝黑穗病

玉米丝黑穗病又称乌米、灰包、哑玉米。病原为丝轴黑粉菌。该病遍布世界各玉米区，我国以北方春玉米区、西南丘陵山地玉米区和西北玉米区发病较重。一般年份发病率为2%~8%，个别地块达60%~70%，造成玉米产量损失惨重。

（一）病害特征

玉米丝黑穗病是幼苗侵染和系统侵染的病害。苗期植株矮化、节间缩短、植株弯曲、叶片密集、叶色浓绿并有黄白条纹，到抽雄或出穗后甚至到灌浆后期才表现出明显病症。病株的雄穗、雌穗均可感染。雄穗全部或部分小花受害，花器变形，颖片增长呈叶片状，不能形成雄蕊，小花基部膨大形成菌瘿，呈灰褐色，破裂后散出大量黑粉（即病菌的冬孢子），病重的整个花序被破坏，变成黑穗。果穗感病后外观短粗，无花丝，苞叶叶舌长而肥大，大多数苞叶外全部果穗被破坏，变成菌瘿，成熟时苞叶开裂散出黑粉孢子，内混有许多丝状物即残留的维管束组织，故名丝黑穗病。发病严重时，病株丛生，果穗畸形，不结实。多见的是雄花和果穗都表现出黑穗症状，少数病株只有果穗成黑穗而雄花正常，雄花成黑穗而果穗正常的极少见到。

（二）发生规律

丝黑穗病病菌的冬孢子混杂在土壤、粪肥中或黏附在种子表面越冬。带菌土壤和粪肥是主要侵染菌源。冬孢子在田间土壤中可存活 2~3 年。用带菌病残体、病土沤肥，若未腐熟，冬孢子仍有侵染能力。用病秸秆作饲料，冬孢子经过牲畜消化道后，并不会完全死亡。

越冬后的冬孢子，在适宜条件下萌发，产生担孢子，不同性别的担孢子萌发后相互结合，产生侵染菌丝。丝黑穗病病菌的主要侵入部位是胚芽鞘和胚根。从种子萌发到 7 叶期，病原菌都能侵入发病，到 9 叶期不再侵入。出土前的幼芽期是主要侵入阶段，芽长 2~3 厘米时最易侵入。病原菌侵入后，菌丝系统扩展，进入生长锥，最后进入果穗和雄穗。丝黑穗病没有再侵染现象。

病田连作，施用未腐熟的带菌堆肥、厩肥都可导致菌量增加，发病加重。玉米种子萌发和出苗阶段的环境条件对侵染发病有重要影响，在地温 13~35℃范围内，病原菌都能侵染，16~25℃为侵染适宜温度，22℃时侵染率最高。土壤含水量为 15.5% 时发病率最高，土壤过干或过湿，发病率都能有所降低。各茬玉米中以春玉米发病最重，小麦套种玉米次之，夏玉米较轻。播种早、地温低、幼苗生长缓慢，玉米易感阶段拉长，侵染率增高。

（三）防治方法

1. 农业防治

选用抗病、耐病品种；在玉米播种前和收获后及时清除田边、沟边残病株；避免连作，合理轮作，减少病原菌；结合间

苗、走苗，及时拔除病株，摘除感病菌囊、菌瘤深埋，以减少病原菌传播概率；施用充分腐熟的玉米秸秆有机厩肥、堆肥，预防病菌随粪肥传入田内；加强栽培管理促早出壮苗，提高自身抗病能力。

2. 土壤、种子处理

播种前药剂处理杀菌，多用50%多菌灵可湿性粉剂或者40%五氯硝基苯粉剂，按种子量的0.5%~0.7%拌种。发病较重田块，麦收后玉米播种前用50%甲基硫菌灵可湿性粉剂或50%多菌灵可湿性粉剂50克拌50千克细土，播种时每穴用药土100克盖在种子上，适时抢墒播种，培育早发壮苗。

3. 药剂防治

前期可结合其他病虫害防治、喷施化学控制药物时，每亩加入50%多菌灵可湿性粉剂50~75克，或者每亩加入三唑酮类杀菌剂乳油15~20毫升预防。在该病害初发期用药防治，间隔7~10天，连续用药2~3次效果更佳。

十四、玉米粗缩病

玉米粗缩病是由灰飞虱传播的病毒病，灰飞虱传毒是持久性的，卵可以带毒。带毒灰飞虱的若虫和成虫在麦田及田埂、地边杂草下越冬，成为翌年初侵染源。

（一）病害特征

该病主要为害玉米幼苗，多在玉米6~7叶期出现症状。感病植株叶色浓绿，叶片宽、短、硬、脆、密集和丛生，在心叶基部及中脉两侧最初产生透明小亮点，之后亮点变为虚线状条纹，在叶背面沿叶脉产生微小的密集的蜡白色突起，用手触摸有明显的粗糙感觉。植株生长缓慢，矮化、矮小，仅为健株的1/3~1/2。有时在苞叶上也有小条点，病株根系少而短，易从土中拔出。发病严重时，植株雌穗、雄穗不能发育抽出。

（二）发生规律

玉米粗缩病在玉米整个生育期均可以侵染，侵染越早症状表现越明显，玉米苗期感病受害最重。病毒寄主范围十分广泛，主要侵染禾本科植物，如玉米、小麦、水稻、高粱、谷子以及马唐、稗草等。该病毒主要在小麦、多年生禾本科杂草及传毒介体灰飞虱上越冬。玉米出苗后，小麦和杂草上的灰飞虱即带毒迁至玉米上取食传毒，引起玉米发病。玉米 5 叶期前易感病，10 叶期抗性增强。在玉米生长中后期，病毒再由灰飞虱携带向高粱、谷子等晚秋禾本科作物及马唐等禾本科杂草传播，秋后再传向小麦或直接在杂草上越冬，形成周年侵染循环。

（三）防治方法

1. 农业防治

选用抗病、耐病品种种植；注意播种期调节，麦田套种玉米此病发生相对较重，麦收后复种的感病相对较轻；灭茬及麦秸还田细碎地块发病较轻，不灭茬及麦秸还田粗放地块发病较重；在玉米播种前和收获后清除田边、沟边杂草，减少病源、虫源；结合间苗、定苗，及时拔除病株，以减少病株和毒源，严重发病地块应及早改种。

2. 药剂防治

用内吸性杀虫剂拌种或包衣种子，利用噻虫嗪或噻虫嗪·戊唑醇种衣剂包衣种子或拌种。在发病前进行药剂防治，每亩用10%吡虫啉可湿性粉剂 10 克，兑水 30 千克喷雾防治；灰飞虱若虫盛期每亩可用 25%噻虫嗪可湿性粉剂 30~50 克或 25%吡蚜酮可湿性粉剂 20~30 克或 40%毒死蜱乳油 80~100 毫升，兑水 30 千克喷雾防治。同时，注意在田边地头、沟边、坟头的杂草上喷药防治。

十五、玉米全蚀病

（一）病害特征

玉米全蚀病是近年来在辽宁、山东等地新发现的玉米根部土传病害，主要为害玉米根部，可造成植株早衰、倒伏，影响玉米灌浆，千粒重下降，严重威胁玉米生产。苗期染病时地上部分症状不明显，抽穗灌浆期地上部分开始出现症状，初叶尖、叶缘变黄，逐渐向叶基和中脉扩展，之后叶片自下而上变为黄褐色。严重时茎秆松软，根系呈褐色腐烂，须根和根毛明显减少，根皮变黑坏死或腐烂，易折断倒伏。7—8 月土壤湿度大时，根系易腐烂，病株早衰，千粒重下降。收获后菌丝在根组织内继续扩展，导致根皮变黑发亮，并向根基延伸，呈黑脚或黑膏药状，剥开茎基，表皮内侧有小黑点，即病菌子囊壳。

（二）发生规律

病菌于土壤病残体内越冬，可在土壤中存活 3 年以上。整个生育期均可为害，病菌从苗期种子根系侵入，之后向次生根蔓延。该菌在根系上活动，受土壤湿度影响，5—6 月病菌扩展不快；7—8 月气温升高，雨量增加，病情迅速扩展。砂壤土发病重于壤土，洼地重于平地，平地重于坡地。施用有机肥多的田块发病轻。7—9 月高温多雨时发病重。品种间感病程度差异明显。

（三）防治方法

1. 农业防治

种植抗病品种；提倡施用酵素菌沤制的堆肥或增施有机肥，每亩施入充分腐熟有机肥 2 500 千克，并合理追施氮、磷、钾速效肥；收获后及时翻耕灭茬，发病地区或田块的根茬要及时烧毁，减少菌源；与豆类、薯类、棉花等非禾本科作物实行大面积轮作；适期播种，提高播种质量。

2. 药剂防治

可选用3%苯醚甲环唑悬浮种衣剂40~60毫升或15%硅塞菌胺悬浮种衣剂20毫升拌10千克种子，晾干后即可播种，也可储藏后再播种。

十六、玉米弯孢菌叶斑病

玉米弯孢菌叶斑病又名玉米弯孢霉叶斑病，病原为新月弯孢菌。该病在我国各玉米产区均有发生，已成为东北、黄淮海等地区的主要病害之一。主要发生在玉米生长中后期，发病严重时造成叶片枯死，导致产量损失，重病田可减产30%以上。

（一）病害特征

玉米弯孢菌叶斑病主要为害叶片、叶鞘、苞叶。初生褪绿小斑点，逐渐扩展为圆形至椭圆形褪绿透明斑，中间枯白色至黄褐色，边缘暗褐色，四周有浅黄色晕圈，一般为（0.5~4.0）毫米×（0.5~2.0）毫米，大的可达7毫米×3毫米。湿度大时，病斑正、背两面均可见灰色分生孢子梗和分生孢子。该病症状变异较大：在有些自交系和杂交种的抗病类型上只生一些白色或褐色小斑点；在感病品种上病斑常连接成片，叶片外缘具褪绿色或淡黄色晕环。

（二）发生规律

玉米弯孢菌叶斑病病菌以菌丝体或分生孢子在病残体上越冬，遗落于田间的病叶和秸秆上，是主要的初侵染源。病菌分生孢子最适宜萌发温度为30~32℃，最适宜的湿度为饱和湿度，相对湿度低于90%则很少萌发或不萌发。不同品种之间病情差别较大。玉米苗期对该病的抗性高于成株期，苗期少见发生；9~13叶期易感染该病，抽雄穗后是该病的发生流行高峰期。7—8月温度、相对湿度、降水量、连续降水日数与该病发生时期、发生

为害程度密切相关。高温、高湿、连续降水，利于该病的快速流行。玉米种植过密、偏施氮肥、管理粗放、地势低洼积水和连作的地块发病重。

(三) 防治方法

1. 农业防治

感病植株病残体上的病菌在干燥条件下可安全越冬，在翌年玉米生长前期形成初侵染菌源，采取轮作换茬和清除田间病残体是有效防治和减少发病的基本措施之一；选用抗病、耐病品种。

2. 药剂防治

在发病初期，田间发病率为10%时喷药防治，有效药剂有甲基硫菌灵、多菌灵等，提倡选用50%腐霉利可湿性粉剂 2 000 倍液、58%代森锰锌可湿性粉剂 1 000 倍液。应掌握在玉米大喇叭口期灌心，效果较喷雾法好，且容易操作。气候条件适宜发病时隔 1 周防治第二遍，连续防治 2~3 次效果更佳。

第三节 玉米虫害防治技术

一、叶螨

(一) 为害特征

为害玉米的叶螨主要有截形叶螨、二斑叶螨、朱砂叶螨 3 种。叶螨一般在玉米抽穗后开始为害，在发生早的年份，6 叶期玉米即遭受为害。成螨和若螨聚集在叶片背面，刺吸叶片中的养分，有吐丝结网的习性。植株发病一般下部叶片先受害，逐渐向上蔓延。为害轻者叶片产生黄白斑点，以后呈赤色斑纹；为害重者出现失绿斑块，叶片卷缩，呈褐色，如同火烧一样干枯，叶片丧失光合作用能力，严重影响营养物质运输、生产制造，造

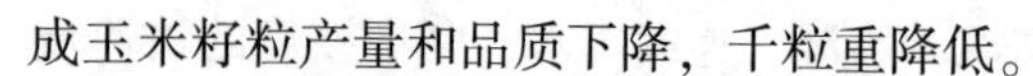

成玉米籽粒产量和品质下降，千粒重降低。

（二）形态特征

叶螨属于蜱螨目叶螨科，形体微小。成螨体多为椭圆形或菱形，有4对足。卵圆球形，表面光滑，初产卵无色透明，以后逐渐变为橙黄色或橙红色，孵化前出现红色眼点。卵孵化后产生幼螨，幼螨近圆形，体色透明或浅黄色，取食后体色变绿，有3对足。幼螨蜕皮后变为前若螨，前若螨再蜕皮变为后若螨，但雄螨仅有前若螨，蜕皮后变为成螨。若螨有4对足，与成螨相似。

（三）发生规律

叶螨主要为两性生殖，在缺乏雄螨时，也能进行孤雌生殖，每年可繁殖10代以上。

朱砂叶螨在北方1年发生10~15代，在长江流域及以南地区1年发生15~20代。以雌成螨在作物和杂草根际或土缝里越冬。早春越冬成螨开始活动，取食产卵。春玉米出苗后即可受害，6月在春玉米和麦套玉米田常点、片发生，7—8月常猖獗发生，春、夏玉米受害严重。朱砂叶螨在玉米叶背活动，先为害下部叶片，逐渐向上部叶片转移。在玉米植株上靠爬行垂直扩散，并以上迁为主，在株间迁移以吐丝漂移为主。卵散产在叶背中脉附近。气象条件和耕作制度对叶螨种群消长影响很大。其繁殖为害的最适宜温度为22~28℃，高温、干旱、少雨年份发生较重。大雨冲刷可使螨量快速减少。麦套玉米为害面积容易扩大，由于麦季食料充足，有利于叶螨的大量繁殖。

二斑叶螨每年繁殖10~20代，主要以受精的雌成螨群集越冬，越冬场所是杂草根际、土缝内或棉田枯枝落叶下。春季出蛰后在杂草、春作物上取食产卵。玉米是二斑叶螨的重要寄主。

（四）防治方法

1. 农业防治

秋收后清除田间玉米秸秆、枯枝落叶等植物残体，深翻土

地，将土壤表层越冬虫体翻入深层致死。实行冬灌，早春清除田间、地边和沟渠旁杂草，以减少叶螨越冬和繁殖存活的场所。在作物生长期间，适时进行中耕除草和灌溉。在玉米大喇叭期增施速效肥，增强抗螨能力，减轻损失。及时摘除玉米下部1~5片染虫叶片，带至田外烧毁。玉米要尽量避免与豆类、棉花、瓜菜等叶螨喜食作物间作套种，有条件的地方应推行水旱轮作。在重发生区应种植抗旱性强的抗螨玉米品种。

2. 药剂防治

可用20%唑螨酯悬浮剂7~10毫升/亩或用1.8%阿维菌素乳油3 000倍液喷洒植株，可兼治玉米蚜虫、灰飞虱等。

二、叶蝉

(一) 为害特征

叶蝉是多食性害虫，除玉米外，还严重为害水稻、麦类、高粱、谷子、甘蔗等作物及禾本科杂草。

叶蝉成虫和若虫用刺吸式口器在叶片、茎秆等部位刺破植物表皮，吸食汁液，分泌毒素。玉米被害叶面多数有细小白斑。幼苗严重受害时，叶片满布白斑，一片苍白，有时还发黄卷曲，甚至枯死。三点斑叶蝉初期沿玉米叶脉吸食汁液，叶片出现零星小白点，之后斑点布满叶片，有时还出现紫红色条斑，受害严重时叶片干枯死亡。叶蝉可传播多种植物病毒。

(二) 形态特征

玉米田叶蝉种类繁多，有大青叶蝉、三点斑叶蝉、条沙叶蝉、黑尾叶蝉、白边大叶蝉、二点叶蝉、电光叶蝉、小绿叶蝉等，以大青叶蝉和三点斑叶蝉最为常见。

1. 大青叶蝉

雌成虫体长9.4~10.1毫米，雄成虫体长7.2~8.3毫米，呈

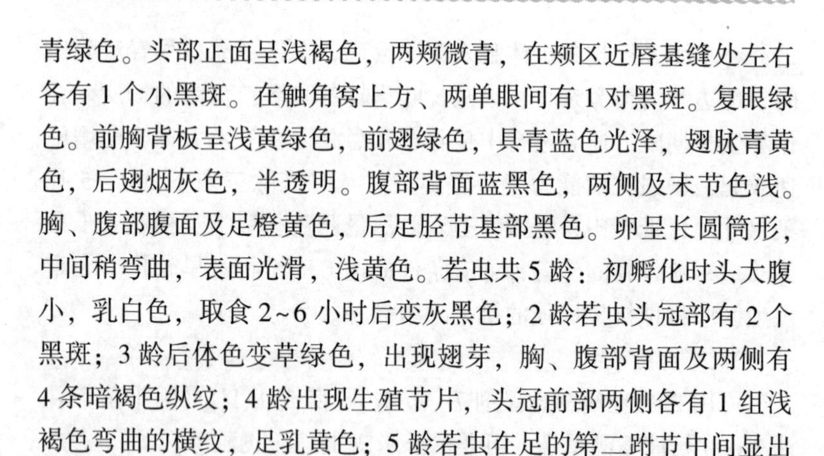

青绿色。头部正面呈浅褐色，两颊微青，在颊区近唇基缝处左右各有1个小黑斑。在触角窝上方、两单眼间有1对黑斑。复眼绿色。前胸背板呈浅黄绿色，前翅绿色，具青蓝色光泽，翅脉青黄色，后翅烟灰色，半透明。腹部背面蓝黑色，两侧及末节色浅。胸、腹部腹面及足橙黄色，后足胫节基部黑色。卵呈长圆筒形，中间稍弯曲，表面光滑，浅黄色。若虫共5龄：初孵化时头大腹小，乳白色，取食2~6小时后变灰黑色；2龄若虫头冠部有2个黑斑；3龄后体色变草绿色，出现翅芽，胸、腹部背面及两侧有4条暗褐色纵纹；4龄出现生殖节片，头冠前部两侧各有1组浅褐色弯曲的横纹，足乳黄色；5龄若虫在足的第二跗节中间显出缺纹，似第三节。

2. 三点斑叶蝉

成虫体长2.6~2.9毫米，灰白色，头冠向前呈钝圆锥形突出，头顶前缘区有浅褐色斑纹，倒“八”字形，前胸背板革质透明，中胸盾片上有3个椭圆形黑斑，在小盾片末端也有1个相似的黑斑。前、后翅白色透明，腹部背面具黑色横带。若虫5龄。

（三）发生规律

1. 大青叶蝉

在北方1年发生2~3代，以卵在2~3年生苗木、树枝的表皮下越冬，在长江以南多以卵在禾本科杂草茎内越冬。在陕西关中1年发生3代，翌年树木萌动时卵孵化，若虫迁移到附近小麦、蔬菜或杂草上为害。1~2代主要为害麦类、玉米、谷子、杂草等，3代成虫发生在9—11月，先为害秋作物，之后迁移到果树、林木上产卵越冬。各代发生不整齐，有世代重叠现象。

成虫有较强的趋光性和趋绿性，常群集，昼夜均可取食，常一边取食一边从尾端排泄透明蜜露。在低温天气或每日早、晚静

止潜伏。成虫取食 30 天后交尾产卵。卵产在寄主植物的茎秆、叶柄、叶脉、枝条皮层中。在玉米上，多于叶背主脉上刺一长形产卵口产卵。在苗木、枝条上产卵时，雌虫先用锯状产卵器刺破寄主植物表皮，形成月牙形产卵痕，产卵处表皮呈肾形突起。每头雌虫可产卵 3~10 块，每块具卵 50 余粒。非越冬卵卵期 9~15 天，越冬卵卵期 5 个月以上。

2. 三点斑叶蝉

主要分布于新疆，1 年发生 3 代，以成虫在冬小麦或玉米田的枯叶残茬下以及禾本科杂草根际越冬。春季 4 月中旬左右越冬成虫先在冬麦和杂草上取食繁殖，5 月中旬和下旬越冬代成虫开始产卵。1 代成虫迁入玉米田，6 月下旬为产卵高峰期；7 月初 2 代若虫孵化，大多集中在玉米植株的下部叶片为害，7 月下旬 2 代成虫羽化，产卵于玉米植株的中部叶片；8 月中旬为 3 代若虫出现高峰期。9 月下旬玉米收获，部分成虫迁移到杂草和冬麦田为害，10 月以后越冬。三点斑叶蝉 2 代和 3 代均发生在玉米田中，其中 3 代发生量最大，2 代次之。成虫群集，喜热，善飞，有趋光性。若虫活动范围不大，受到惊扰后横向爬行隐匿。三点斑叶蝉喜温热，温度 21℃左右、湿度 60%左右，有利于虫害大发生。晚播玉米受害最重。

(四) 防治方法

叶蝉寄主种类多，玉米田叶蝉的防治要与水稻、小麦和其他受害作物的防治相互协调与配合。

1. 农业防治

玉米或小麦收获后要及时耕翻灭茬，旱地深翻 2 遍后，耙松去除根茬，同时清除自生苗，铲除杂草，特别是禾本科杂草，以减少虫源。提倡与非禾本科作物进行轮作。在玉米生长期间，要及时中耕，铲除田边、田间杂草。要合理密植，加强田间肥水管理。在叶蝉成虫发生期间，可设置黑光灯诱杀。

2. 药剂防治

叶蝉为害轻微时，不需要单独施药，可在防治其他害虫时予以兼治。在虫口密度较高时，需及时喷药防治，对于春季先在冬小麦和杂草上取食繁殖的叶蝉，要先对麦田和杂草施药，减少进入玉米田的叶蝉数量。在玉米3~5叶期，可喷施10%吡虫啉可湿性粉剂2 500~3 000倍液或10%氯噻啉可湿性粉剂4 000倍液。氯噻啉是一种新烟碱类杀虫剂，毒性低，杀虫谱广，用于防治叶蝉、飞虱、蓟马、蚜虫等。

三、蚜虫

(一) 为害特征

蚜虫是玉米的主要害虫，在为害玉米的多种蚜虫中，以玉米蚜和禾谷缢管蚜最常见。玉米蚜又名玉米缢管蚜，禾谷缢管蚜又名粟缢管蚜或小米蚜，都分布在全国各地，可为害玉米、谷子、高粱、麦类、水稻等禾本科作物及多种禾本科杂草。

成蚜、若蚜群聚玉米叶片、叶鞘、雄穗、雌穗、苞叶等处，刺吸植物组织的汁液，引致叶片等受害部位变色，生长发育受抑，严重时导致植株枯死。玉米蚜虫还分泌蜜露，使受害部位“起油”发亮，之后生霉变黑。蚜虫可传播玉米矮花叶病毒和大麦黄矮病毒等主要植物病毒。

(二) 形态特征

玉米蚜和禾谷缢管蚜都属于同翅目蚜科，田间常见无翅孤雌蚜和有翅孤雌蚜。

1. 玉米蚜

(1) 无翅孤雌蚜　体长卵形，长1.8~2.2毫米，宽约1毫米。体绿色，披白色薄粉。触角、喙、足、腹管、尾片黑色。触

角6节，长度短于体长的1/3。复眼红褐色。喙粗短，不达中足基节。腹部7节毛片黑色，8节有背中横带，与缘斑相接。腹部两侧均有黑色腹斑。腹管长圆筒形，长度为尾片的1.5倍，端部收缩，覆瓦状纹。尾片圆锥状，有毛4~5根。

(2) 有翅孤雌蚜　体长卵形，长1.6~1.8毫米，头、胸黑色，腹部深绿色。触角6节，长度约为体长的一半，3节上有圆形次生感觉圈12~19个。腹部2~4节各具1对大型缘斑，6~7节上有背中横带，7节有小缘斑，8节的中带贯通全节。

2. 禾谷缢管蚜

(1) 无翅孤雌蚜　体长1.9毫米，宽卵形，橄榄绿色至黑绿色，嵌有黄绿色纹，被有白色薄粉。复眼黑色。中额瘤隆起。触角6节，黑色，长度为体长的70%。喙粗壮，较中足基节长，长是宽的2倍。腹管黑色，圆筒形，为体长的14%，端部缢缩成瓶颈状，有瓦纹，基部四周有锈色纹。尾片长圆锥形，中部收缩，有曲毛4根。

(2) 有翅孤雌蚜　体长2.1毫米，长卵形。头、胸黑色，腹部深绿色，腹部2~4节有大型缘斑，7~8腹节有背中横带，节间斑黑色。触角长度短于体长，3节具圆形次生感觉圈19~30个，4节有2~10个感觉圈。前翅中脉3条分叉，前2条分叉甚小。腹管圆筒形，黑色，短，端部缢缩呈瓶颈状。

(三) 发生规律

1. 玉米蚜

在华北地区1年可繁殖20代左右，以成蚜、若蚜在冬小麦或禾草心叶内越冬。春季3月，温度回升到7℃左右时开始活动，随着小麦植株生长而向上部移动，集中在新产生的心叶内繁殖为害，抽穗后大都迁移到无效分蘖上为害，很少在穗部为害。4月下旬至5月上旬，陆续产生大批有翅蚜，迁往玉米、高粱、谷子或禾草上繁殖。春玉米抽雄后，多集中在雄穗上为害，乳熟后又转移到夏玉米上。9—10月夏玉米老熟，又产生大量有翅蚜，迁移到向阳处禾草上和冬小麦麦苗上，繁殖1~2代后越冬。

在黑龙江，玉米蚜1年发生10代左右，以成蚜、若蚜在禾本科植物心叶、叶鞘内或根际越冬。5月底至6月初产生大批有翅蚜，迁飞到玉米上为害，8月上旬和中旬是为害盛期。在长江流域，1年发生20多代，以成蚜、若蚜在大麦、小麦或禾草心叶内越冬。春季3—4月开始活动为害，4—5月麦类黄熟后产生大量有翅蚜，迁往春玉米、高粱、水稻田持续繁殖为害。春玉米乳熟期以后，又产生有翅蚜，迁往夏玉米上繁殖为害。秋末有翅蚜迁往小麦或其他越冬寄主。玉米蚜终生为孤雌生殖，虫口数量增长快速。高温干旱年份发生较多。在玉米生长中后期，旬均温23~28℃，旬降水量低于20毫米时，有利于玉米蚜猖獗发生。

2. 禾谷缢管蚜

1年发生10~20代。在北方寒冷地区，禾谷缢管蚜生活史为异寄主全周期型。以受精卵在稠李、桃、李、梅、榆叶梅等李属植物（第一寄主）上越冬，翌年春季越冬卵孵化为干母，以后干母胎生无翅雌蚜，即干雌。干雌繁殖几代后，产生有翅雌蚜。初夏，有翅雌蚜乔迁到禾本科植物（第二寄主）上繁殖为害，持续孤雌生殖，产生无翅孤雌蚜和有翅孤雌蚜。寄主衰老后，产生有翅蚜（性母），迁回越冬寄主，性母产生雌性蚜、雄性蚜，两者交配后产卵越冬。

在我国中部、南部各麦区，禾谷缢管蚜不产生有性蚜，全年在禾本科植物上孤雌生殖，属不全周期生活史。在冬麦区或冬麦、春麦混种区，秋末冬小麦出苗后，为害秋苗，继而以无翅孤雌成蚜和若蚜在麦苗根部、近地面叶鞘和土缝内越冬，若天气暖和仍可活动。春季继续为害小麦，麦收后转移到玉米、谷子、糜

子、自生麦苗、禾本科草上为害。秋季迁回麦田繁殖为害。禾谷缢管蚜在30℃左右发育最快，不耐低温，在1月平均气温为-2℃的地方不能越冬。喜高湿，不耐干旱，不适于在年降水量低于250毫米的地区发生。

（四）防治方法

蚜虫的防治应兼顾各种寄主作物，统筹安排。

1. 农业防治

及时清除田埂、地边杂草与自生麦苗，减少蚜虫越冬和繁殖场所。搞好麦田蚜虫防治，减少虫源。发生严重的地区，可减少夏玉米的播种面积。玉米自交系、杂交种间抗蚜性有明显差异，应尽量选用抗蚜自交系与杂交种。

2. 药剂防治

要慎重选择防治药剂，应选用对蚜虫天敌安全的药剂，如抗蚜威、吡虫啉、生物源农药等。要改进施药技术、调整施药时间，减少用药次数和数量，避开蚜虫天敌大量发生时施药。根据虫情，挑治重点田块和虫口密集田块，尽量避免普治，以减少对蚜虫天敌的伤害。

在玉米心叶期发现有蚜株后即可针对性施药，有蚜株率达到30%~40%，出现“起油株”时应进行全田普治。防治蚜虫的有效药剂较多，要轮换使用，防止蚜虫产生抗药性。常用药剂和每亩用药量如下：50%抗蚜威可湿性粉剂10~15克、10%吡虫啉可湿性粉剂20克、24%抗蚜·吡虫啉可湿性粉剂20克、40%毒死蜱乳油50~75毫升、25%吡蚜酮可湿性粉剂16~20克、3%啶虫脒可湿性粉剂10~20克（南方）或30~40克（北方）、2.5%高效氯氰菊酯乳油25~30毫升，皆加水30~50千克常量喷雾，也可加水15千克，用弥雾机低容量喷雾。

四、黏虫

（一）为害特征

黏虫是农作物的主要害虫之一，具有多食性和暴食性，主要为害玉米、高粱、谷子、麦类、水稻、甘蔗等禾本科作物和杂草，大发生时也为害棉花、麻类、烟草、甜菜、苜蓿、豆类、向日葵及其他作物。

黏虫是食叶性害虫，1~2 龄幼虫聚集为害，在心叶或叶鞘中取食，啃食叶肉残留表皮，造成半透明的小条斑。3 龄后幼虫食量大增，开始啃食叶片边缘，咬成不规则缺刻。5~6 龄幼虫为暴食阶段，可将叶肉吃光，仅剩主脉。黏虫可使玉米果穗秃尖、籽粒干瘪，造成减产或绝收。

（二）形态特征

黏虫属鳞翅目夜蛾科，有成虫、卵、幼虫、蛹等虫态。

1. 成虫

为浅黄褐色至浅灰褐色的蛾子。雌蛾体长 18~20 毫米，翅展 42~45 毫米；雄蛾体长 16~18 毫米，翅展 40~41 毫米。前翅浅黄褐色，有闪光的银灰色鳞片。前翅中央稍近前缘处有 2 个近圆形的黄白色斑，翅的中室下角有 1 个小白点，其两侧各有 1 个黑点，从翅顶角至后缘末端 1/3 处有 1 条暗褐色斜纹，延伸至翅的中央部分后即消失。前翅外缘有 7 个小黑点。后翅基部灰白色，端部灰褐色。雌蛾体色较浅，有翅缰 3 根，腹部末端尖，有生殖孔。雄蛾体色较深，前翅中央的圆斑较明显，只有 1 根翅缰，腹部末端钝，稍压腹部，露出 1 对抱握器。

2. 卵

卵粒呈馒头形，有光泽，直径约 0.5 毫米，表面有网状脊纹，初为乳白色，渐变成黄褐色，要孵化时为灰黑色。卵粒排列

成行或重叠成堆。

3. 幼虫

幼虫共6龄，各龄头壳宽度与体长逐渐增大。老熟时体长36毫米左右。头部棕褐色，沿蜕裂线有褐色丝纹，呈“八”字形。体色多变，有浅黄绿色、黄褐色、黑绿色、黑褐色、褐色等，全身有5条暗色较宽的纵条纹，腹部圆筒形，两侧各有2条黄褐色至黑色、上下镶有灰白色细线的宽带，腹足基节有阔三角形黄褐色或黑褐色斑块。

4. 蛹

蛹体长约19毫米，前期红褐色，腹部5~7节背面前缘各有1排横齿状刻点。尾端有臀棘4根，中央2根较为粗大，其两侧各有细短而略弯曲的刺1根。在发育过程中，复眼与体色有明显变化，由红褐色渐变为褐色至黑色。

（三）发生规律

玉米黏虫1年发生世代数全国各地不一，东北地区2~3代，华北中南部3~4代，江苏淮河流域4~5代，长江流域5~6代，华南6~8代。海拔1 000米左右高原1年发生3代，海拔2 000米左右高原则发生2代。地势不同，世代数亦有一些变化。

玉米黏虫属迁飞性害虫，其越冬分界线在北纬33°一带，在北纬33°以北地区任何虫态均不能越冬。在江西、浙江一带，以幼虫和蛹在稻桩、田埂杂草、绿肥田、麦田表土下等处越冬。在广东、福建南部终年繁殖，无越冬现象。北方春季出现的大量成虫是由南方迁飞所致。

（四）防治方法

1. 人工诱虫、杀虫

从成虫羽化初期开始，在田间设置糖醋液诱虫盆，诱杀尚未产卵的成虫。糖醋液配比为红糖3份、白酒1份、食醋4份、水

2份，加90%敌百虫可溶粉剂少许，调匀即可。配制时先称出红糖和敌百虫，用温水溶化，然后加入醋、酒。诱虫盆要高出作物30厘米左右，诱剂保持3厘米深，每天早晨取出蛾子，白天将盆盖好，傍晚开盖，5~7天换诱剂1次。还可用杨枝把或草把诱虫。取几条1~2年生叶片较多的杨树枝条，剪成约60厘米长，将基部扎紧就制成了杨枝把。将其阴干1天，待叶片萎蔫后便可倒挂在木棍或竹竿上，插在田间，在成虫发生期诱蛾。小谷草把或稻草把也可用于诱蛾，每亩地插60~100个，可在草把上洒糖醋液，每5天更换1次，换下的草把要烧毁。

成虫趋光性强，在成虫交配产卵期，在田间安置杀虫灯，灯间距100米，在夜间诱杀成虫。

在卵孵化盛期，可顺垄人工采卵，连续进行3~4遍。在大发生年份，如幼虫虫龄已大，可利用其假死性，击落捕杀或挖沟阻杀，防止幼虫迁移。

2. 药剂防治

根据虫情测报，在幼虫3龄前及时喷药。用苯甲酰脲类杀虫剂有利于保护黏虫天敌。20%除虫脲悬浮剂每亩用10毫升，25%灭幼脲悬浮剂每亩用25~30克，常量喷雾加水75千克，或用弥雾机喷药加水12.5千克，配成药液施用。喷雾法施药还可用80%敌百虫可溶粉剂1 000~1 500倍液、80%敌敌畏乳油2 000~3 000倍液、50%马拉硫磷乳油1 000~1 500倍液、50%辛硫磷乳油1 000~1 500倍液或2.5%溴氰菊酯乳油3 000~4 000倍液等。也可用50%辛硫磷乳油0.7千克，加水10千克稀释后拌入50千克煤渣颗粒，顺垄撒施。

五、棉铃虫

（一）为害特征

棉铃虫为主要农业害虫，分布广泛，寄主植物多达 200 余种，主要为害玉米、棉花、麦类、豌豆、苜蓿、向日葵、茄科蔬菜等。近年来棉铃虫对玉米的为害明显加重，夏玉米田平均减产 5%~10%，严重的可达 15%以上。初龄幼虫取食嫩叶、花丝和雄花，3 龄以后蛀果为害，多钻入玉米芯内，食害果穗，5~6 龄进入暴食期。幼虫取食的叶片出现孔洞或缺刻，有时咬断心叶，造成枯心。在叶片上形成排孔，但孔洞粗大，形状不规则，边缘不整齐。幼虫可咬断花丝，造成籽粒不育。为害果穗时，多在果穗顶部取食，少数从中部苞叶蛀入果穗，咬食幼嫩籽粒，粪便沿虫孔排出。

（二）形态特征

棉铃虫属于鳞翅目夜蛾科。

1. 成虫

体长 15~20 毫米，翅展 27~40 毫米。雌蛾呈赤褐色，雄蛾呈灰绿色。前翅基线不清晰。内横线双线，褐色，锯齿形。中横线褐色，略呈波浪形。外横线双线，亚外缘线褐色，锯齿形，两线间为一褐色宽带。环形斑褐边，中央有 1 个褐点，肾状斑褐边，中央有 1 个深褐色的肾形斑点。外缘各脉间有小黑点。后翅灰白色，沿外缘有黑褐色宽带，宽带中央有 2 个相连的白斑。

2. 卵

初期乳白色，半球形，顶端稍隆起，底部较平。卵孔不明显，伸达卵孔的纵棱 11~13 条，纵棱分 2 岔和 3 岔而到达底部，中部通常为 25~29 条。纵棱间有横道 18~20 条。

3. 幼虫

幼虫共 6 龄，老熟幼虫体长 40~45 毫米。头部黄绿色，生有不规则的网状纹。气门线白色或黄白色，体背面有 10 余条细纵线，各腹节上有刚毛瘤 12 个，刚毛较长。幼虫体色多变，有浅红色、黄白色或黄褐色、浅绿色、墨绿色等。

4. 蛹

纺锤形，赤褐色，体长 17~20 毫米。腹部 5~7 节，背面和腹面前缘有 7~8 排较稀疏的半圆形刻点。腹部末端钝圆，有臀棘 2 个。

（三）发生规律

我国各地 1 年发生的代数不同，东北、西北、华北北部 3 代，黄淮流域 4 代，长江流域 4~5 代，华南 6~8 代。在黄淮流域，9 月下旬至 10 月中旬老熟幼虫入土，在 5~15 厘米深处筑土室化蛹越冬。主要越冬场所为棉田、玉米田，其次为菜地和杂草地。翌年 4 月下旬至 5 月中旬，当气温升至 15℃以上时，越冬代成虫羽化。1 代幼虫主要为害春玉米、小麦、豌豆、苜蓿、番茄等作物，麦田发生最多。6 月上旬和中旬入土化蛹，6 月中旬和下旬 1 代成虫盛发，大量成虫迁入棉田产卵。2 代和 3 代幼虫主要为害棉花，也为害玉米、蔬菜等作物。8 月下旬至 9 月发生 4 代幼虫，蛀食棉铃、夏玉米果穗、高粱穗部。通常 9 月下旬以后陆续进入越冬。

在甘肃河西走廊，玉米田棉铃虫 1 年发生 3 代，以蛹在玉米田土壤中越冬。越冬代成虫以本地虫源为主，也有来自外地的虫源。外地虫源比本地虫源发生期早 30 天左右。2 代幼虫为害玉米最重，始卵期在 7 月中旬，正值玉米大喇叭口期至抽雄初期。卵孵化盛期在 7 月下旬，处于玉米开花授粉阶段。卵终见期为 8 月上旬。

成虫吸食花蜜，在夜间活动，白天隐蔽。有趋光性，杨树枝对成蛾的诱集力强。在玉米植株上，卵多产于吐出不久的花丝上

和刚抽出的雄花序上，也产于苞叶、叶片和叶鞘上。每只雌蛾可产卵100~200粒。卵散产，每处1~5粒。初龄幼虫取食嫩叶、幼嫩的花丝和雄花，3龄以后多食害果穗，幼虫有转株为害习性。末龄幼虫入土化蛹。

棉铃虫属喜温喜湿性害虫，成虫产卵适宜温度在23℃以上，20℃以下很少产卵。幼虫发育以温度25~28℃和相对湿度75%~90%最为适宜。在北方尤以湿度的影响最为显著。月降水量在100毫米以上、相对湿度在70%以上时为害严重。但雨水过多会造成土壤板结，不利于幼虫入土化蛹，蛹的死亡率也增高。暴雨可冲掉棉铃虫卵，对其也有抑制作用。水肥条件好、长势旺盛的棉田、玉米田，间作、套种的玉米田都适于棉铃虫发生。近年来麦、棉套种面积增加，对4代棉铃虫发生十分有利，为翌年棉铃虫发生提供了较多的虫源。棉铃虫的天敌较多，有赤眼蜂、茧蜂、姬蜂、寄蝇、蜘蛛、草蛉、瓢虫、螳螂、小花蝽等60多种，这些天敌对棉铃虫有明显的控制作用。

(四) 防治方法

棉铃虫为害的作物种类多，虫源转移关系复杂，防治工作应统筹安排。玉米田在发虫量很少时，可结合其他害虫的防治予以兼治。当发虫量增多时，或玉米田在当地棉铃虫虫源转移中起重要作用时，需采取针对性防治措施。

1. 农业防治

玉米收获后及时耕翻耙地，实行冬灌，消灭棉铃虫的越冬蛹。在棉田种植春玉米诱集带，诱集棉铃虫成虫产卵，及时捕蛾灭卵，在玉米地边也可种植洋葱、胡萝卜等诱集植物。在成虫发生期设置诱虫灯、性诱剂、杨树枝把等诱杀成虫。

2. 药剂防治

抓住施药关键期，在棉铃虫幼虫3龄以前施药。用于喷雾的药剂有50%辛硫磷乳油1 000~1 500倍液、45%丙溴·辛硫磷乳油1 000~1 500倍液、44%氯氰·丙溴磷乳油2 000~3 000倍液、2.5%高效氯氟氰菊酯乳油2 000倍液、4.5%高效氯氰菊酯乳油1 500~2 000倍液、43%辛硫·氟氯氰乳油1 500倍液、15%茚虫威悬浮剂4 000~5 000倍液、75%硫双威可湿性粉剂3 000倍液、5%氟铃脲乳油2 000~3 000倍液、50克/升氟铃脲可分散液剂1 000倍液或1.8%阿维菌素乳油4 000~5 000倍液等。喷药需在早晨或傍晚进行，喷药要细致周到。长期使用单一品种农药，可使棉铃虫的抗药性增强，防治效果下降，因此要合理轮换交替用药。

3. 生物防治

要保护和利用棉铃虫天敌，施用杀虫剂时，要选择对其天敌杀伤较轻的品种、剂型或施药方法。在棉铃虫卵孵化盛期，可人工释放赤眼蜂（每亩1.5万~2.0万只）。在卵高峰期至幼虫孵化盛期可喷苏云金杆菌制剂或棉铃虫核型多角体病毒制剂。喷施棉铃虫核型多角体病毒制剂时，若使用含量为10亿PIB/克的可湿性粉剂（PIB，多角体的英文缩写，用于表示病毒浓度的单位），每亩用药量为100克左右；使用含量为600亿PIB/克的水分散粒剂，每亩用药量为2克左右，均加水稀释后，进行常规喷雾或弥雾机喷雾。

六、玉米螟

（一）为害特征

玉米螟是玉米主要害虫，广泛分布于全国各玉米种植区，严重降低了玉米的产量和品质，大发生时使玉米减产30%以上。除玉米外，该虫还寄生高粱、谷子、水稻、大豆、棉花等多种农作物。

玉米螟是钻蛀性害虫，幼虫钻蛀取食心叶、茎秆、雄穗和雌穗。幼虫蛀穿未展开的嫩叶、心叶，使展开的叶片出现一排排小孔。

幼虫可蛀入茎秆，取食髓部，影响养分输导，受害植株籽粒不饱满，被蛀茎秆易被大风吹折。幼虫钻入雄花序，使之从基部折断。幼虫还取食雌穗的花丝和嫩苞叶，并蛀入雌穗，食害幼嫩籽粒，造成严重减产。玉米螟蛀孔处常有锯末状虫粪。

（二）形态特征

玉米螟属于鳞翅目螟蛾科，有成虫、卵、幼虫和蛹等虫态。

1. 成虫

成虫体长10~13毫米，翅展24~35毫米，头、胸部黄褐色。前翅黄褐色，横贯翅面有2条暗褐色横线，内横线波纹状，外横线锯齿状，其外侧黄褐色，再向外有褐色带与外缘平行。缘毛内侧褐色，外侧白色。环斑暗褐色，肾斑暗褐色且呈短棒状，两斑之间有1个黄色小斑。后翅浅黄色，翅中部也有2条横线，与前翅的横线相连。雌蛾前翅与后翅的色泽比雄蛾浅，后翅线纹常不明显。

2. 卵

卵粒长约1毫米，扁椭圆形，初乳白色，半透明，渐变黄色，具有网纹，有光泽，孵化前出现小黑点（幼虫头部）。卵粒排列成鱼鳞状。

3. 幼虫

幼虫圆筒形，体长约25毫米，头、前胸背板和臀板赤褐色至黑褐色，体色黄白色、浅灰褐色至浅红褐色，体背有3条褐色纵线，中央一条较明显，两侧的纵线隐约可见。中、后胸背面各有4个圆形毛片，排成一排，腹部1~8节的各节背面均有2列毛片，前列4个较大，后列2个较小。幼虫腹足趾钩3序缺环。

4. 蛹

蛹长 14~15 毫米，纺锤形，黄褐色至红褐色，1~7 腹节腹面具有刺毛 2 列，体末端有黑褐色尾状钩刺（臀棘）5~8 根。

(三) 发生规律

因各地气候条件不同，玉米螟 1 年发生 1~7 代，均以末代老熟幼虫在作物的茎秆、穗轴或根茬内越冬，也有的在杂草茎秆中越冬。玉米秸秆中越冬虫量最大，穗轴中次之。翌年春季越冬幼虫陆续化蛹，羽化。成虫飞翔能力强，有趋光性，白天潜伏在作物或杂草丛中，夜间活动和交配。雌蛾在株高 50 厘米以上将要抽雄的植株上产卵，卵多产在叶背面中脉两侧，少数产在茎秆上。每只雌蛾产卵 10~20 块，每个卵块有卵 20~50 粒，共 400 粒左右。产卵期 7~10 天。幼虫有 5 个龄期，3 龄以前潜藏，4 龄以后钻蛀为害。幼虫具有趋触、趋湿、趋糖、避光等特性。孵化后选择诸如心叶、茎秆、花丝、穗苞等湿度较高、含糖量较高且便于隐藏的部位定居。老熟后在为害部位附近化蛹。

在我国北方，1 代卵产于春播玉米心叶期，幼虫孵化后先取食卵壳，然后爬行分散，也能吐丝下垂，随风飘落到邻近植株上，取食未展开的嫩叶。之后又相继取食雄穗穗苞和下移蛀茎。2 代螟卵一般产于玉米花丝盛期，幼虫大量侵入花丝丛取食，4~5 龄后取食雌穗籽粒，钻入穗轴，蛀入雌穗柄或下部茎秆。1 代玉米螟为害最重，冬前虫量大，越冬成活率高，常造成 1 代玉米螟严重发生。近年来有些地方 2 代玉米螟的为害已重于 1 代。玉米螟各代发生期不整齐，有世代重叠现象。

各年玉米螟的发生量与越冬基数、气象条件、天敌数量、栽培管理等诸因素密切相关。玉米螟发生的适宜温度为 15~30℃，相对湿度为 60%以上。在旬均温 20℃以上、降雨较多、旬平均相对湿度 70%左右的条件下，玉米螟盛发。北方春播改夏播的地

区，春播玉米面积缩小，1代玉米螟缺乏适宜寄主，虫害发生量减少，从而显著减轻了夏播作物上2代、3代玉米螟的为害。

(四) 防治方法

应采取以生物防治为主导、化学和物理防治为补充的绿色防控治理策略，根据不同生态区玉米螟的发生特点，集成防控关键技术。

1. 农业防治

要积极选育或引进抗螟高产品种。在秋收之后至冬季越冬代化蛹前，把主要越冬寄主作物的秸秆、根茬、穗轴等，采用烧毁、机械粉碎、用作饲料或封垛等多种办法处理，以消灭越冬虫源。要因地制宜地实行耕作改制，在夏玉米2~3代玉米螟发生区，要酌情减少玉米、高粱、谷子的春播面积，以减轻夏玉米受害。可设置早播诱虫田或诱虫带，种植早播玉米或谷子，诱集玉米螟成虫产卵，然后集中消灭。在严重为害地区，还可在玉米打苞抽雄期，隔行人工去除2/3的雄穗，带出田外烧毁或深埋，消灭为害雄穗的幼虫。

2. 诱集成虫

设置黑光灯和频振式杀虫灯诱杀越冬代成虫，阻断产卵。还可在越冬代成虫羽化初期开始使用性诱剂诱杀。

3. 药剂防治

防治春玉米1代幼虫和夏玉米2代幼虫，可在心叶末期喇叭口内施用颗粒剂。1%辛硫磷颗粒剂或1.5%辛硫磷颗粒剂，每亩用药1~2千克，使用时加5倍细土或细河沙混匀，撒入喇叭口；0.3%辛硫磷颗粒剂，每株用药2克，施入喇叭口内；也可用10%高效氯氟氰菊酯水乳剂15~20毫升/亩，喷雾。

80%敌百虫可溶粉剂1 000~1 500倍液或50%敌敌畏乳油1 000倍液等，可用于灌心叶（每株用药液10毫升）。在玉米螟卵孵化盛期，还可喷施240克/升甲氧虫酰肼悬浮剂，防治1代玉米螟，每亩用药25毫升，兑水25升喷雾，但要将药液喷在玉米喇叭口内。穗期玉米螟的防治，可在玉米抽丝60%时，用上述有机磷或菊酯类颗粒剂撒在雌穗着生节的叶腋，以及其上2叶、其下1叶的叶腋和穗顶花丝上。

七、蓟马

（一）为害特征

蓟马为害多种禾本科作物和禾草。夏玉米区广泛采用免耕技术，小麦收获后带茬播种玉米，原先在小麦和麦田杂草上为害的蓟马，得以及时转移到玉米幼苗上为害，致使苗期蓟马为害加重。为害玉米的蓟马主要种类有禾蓟马、玉米黄呆蓟马和稻管蓟马等。

成虫、若虫（1~2龄）为害叶片等幼嫩部位，以锉吸式口器锉破植物表皮，吸取汁液。禾蓟马和稻管蓟马首先在叶片正面取食；玉米黄呆蓟马首先在叶片背面取食。受害的叶片出现断续或成片的银白色条斑，有时还伴随小点状虫粪，严重时叶背如涂抹一层银粉，叶片半部变黄枯干。蓟马喜在玉米喇叭口内取食，受害心叶发黄，不能展开，卷曲或破碎。严重受害植株矮化、生长停滞，造成大批死苗。

（二）形态特征

蓟马为缨翅目微小昆虫，过渐变态，有成虫、卵、若虫等虫态。成虫体细长，口器锉吸式，有复眼和3个单眼，触角线状，略呈念珠状，末端几节尖锐。两对翅狭长，边缘生有长而整齐的缨状缘毛。翅脉最多只有2条纵脉。足的末端有泡状中垫，爪退化。卵很小，肉眼看不见。若虫4龄或5龄，与成虫相似。1~2龄若虫没有翅芽，3龄出现翅芽。3龄以后不食不动，最后一龄

若虫也被称为“拟蛹”或“蛹”。

禾蓟马和玉米黄呆蓟马属于锯尾亚目蓟马科，雌虫腹部末端呈圆锥形，生有锯状产卵器，雄虫腹部末端阔而圆，通常有翅。前翅大，有翅脉。稻管蓟马属于管尾亚目管蓟马科，腹部末节呈管状，后端较狭，生有较长的刺毛，翅表面光滑，前翅没有脉纹，无产卵器。

1. 禾蓟马

雌成虫体长1.3~1.4毫米，灰褐至黑褐色，中后胸带黄褐色。有触角8节，较瘦细，3节通常长为宽的3倍，3节、4节黄色，其余各节灰褐色。雄虫灰黄色，小于雌虫，触角5~8节灰黑色，其余黄色。腹部3~7节，腹片上各有一近似哑铃形的腺域。

2. 玉米黄呆蓟马

雌成虫分长翅型、半长翅型和短翅型。长翅型雌成虫体长1.0~1.2毫米，暗黄色，胸部和腹背（端部数节除外）有暗黑色区域。触角8节，触角1节浅黄色，2~4节黄色，5~8节灰黑色。前翅浅黄色，长而窄，翅脉少但显著，缘缨长。半长翅型的前翅长达腹部5节，短翅型的前翅短小，为长三角形芽状。

3. 稻管蓟马

雌成虫体长1.4~1.7毫米，黑褐色至黑色，略具光泽。头部长方形，复眼后有1对长鬃。触角8节，第3~5节浅色，第3节黄色，其余各节褐色。翅2对，翅缘有缨毛。前翅透明，中部收缩，端圆，无脉。腹部10节，腹部末端延长成尾管，管长为头长的3/5，管的末端有长鬃6根。各足跗节黄色。雄成虫较雌成虫细小，前足腿节膨大，跗节具三角形齿状突起（雌成虫无此齿状突起）。

（三）发生规律

禾蓟马1年发生10代左右，以成虫在禾本科杂草根基部和枯叶内越冬。成虫常随作物生育期更替而在不同寄主间辗转为害。春季玉米出苗后就可遭受为害。成虫、若虫活泼，喜在喇叭口内取食，多群集在幼苗心叶中，借飞翔、爬行或流水传播。被害玉米心叶两侧可变成薄膜状，叶片展开后即破碎或断开。禾蓟马适于在郁蔽潮湿的环境中存活，大雨后虫口数量锐减。

玉米黄呆蓟马在山东以成虫在禾本科杂草根基部和枯叶内越冬，春季先在麦类作物和杂草上繁殖为害，5 月中旬和下旬迁向玉米，在玉米上繁殖 2 代，行孤雌生殖。在玉米苗期和心叶末期 (大喇叭口期) 发虫量大，抽雄后数量显著下降。以成虫和 1~2 龄若虫为害。行动迟钝，不活泼。卵产在叶片组织内，3 龄后停止取食，隐藏于植株基部叶鞘、枯叶内或掉落在松土内发育成 (拟) 蛹。降水偏少、气温偏高的地区，有利于玉米黄呆蓟马发生。干旱少雨和覆盖麦糠是夏播玉米田玉米黄呆蓟马猖獗的主要诱因。

稻管蓟马为水稻的重要害虫，也广泛为害玉米、小麦、薏苡和禾本科杂草。1 年发生 8 代左右，以成虫越冬。在水稻整个生育期均有发生，在生育前期为害叶片，成虫有强烈的趋花性，为害花器与穗粒，导致颖壳畸形，不结实。在黄淮海夏玉米区严重为害夏玉米幼苗。

(四) 防治方法

1. 农业防治

实行合理的轮作倒茬，减少麦田套种玉米，清除田间杂草和自生苗，破坏其越冬场所，减少越冬虫源。选用抗虫、耐虫品种，适时播种，使玉米苗期尽量避开蓟马迁移或为害高峰期。要合理密植，适时灌水施肥，喷施叶面肥，促进玉米早发快长，减轻受害。

2. 药剂防治

玉米苗期蓟马虫株率为40%～80%、百株虫量达300～800只，应及时进行药剂防治。有效药剂有10%吡虫啉可湿性粉剂2 000～2 500倍液、80%敌敌畏乳油1 000倍液、90%敌百虫可溶粉剂1 500～2 000倍液、10%虫螨腈悬浮剂2 000倍液、20%吡虫·三唑磷乳油2 000倍液、4%阿维·啶虫脒乳油3 000倍液等。喷药要周到，需将药液喷到玉米心叶内。另外，用60%吡虫啉悬浮种衣剂拌种，防效也好。

八、桃蛀螟

（一）为害特征

桃蛀螟，又名桃蠹、桃斑蛀螟，俗称蛀心虫、食心虫，在我国分布普遍，以河北至长江流域以南的桃产区发生最为严重。寄主广泛，除为害桃、苹果、梨等多种果树的果实外，还可为害玉米、高粱、向日葵等。该虫为害玉米雌穗，以啃食或蛀食籽粒为主，也可钻蛀穗轴、穗柄及茎秆。有群居性，蛀孔口堆积颗粒状的粪屑。可与玉米螟、棉铃虫混合为害，严重时整个雌穗都被毁坏。被害雌穗较易感染穗腐病。茎秆、雌穗柄被蛀后遇风易折断。

（二）形态特征

1. 成虫

体长12毫米，翅展22～25毫米；体黄色，翅上散生多个黑斑，类似豹纹。

2. 卵

椭圆形，长0.6毫米，宽0.4毫米，表面粗糙，有细微圆点，初时乳白色，后渐变橘黄色至红褐色。

3. 幼虫

体长18～25毫米，体色多暗红色，也有淡褐色、浅灰色、浅灰蓝色等。头、前胸盾片、臀板暗褐色或灰褐色，各体节毛片明显，第1~8个腹节各有6个灰褐色斑点，前面4个、后面2个，呈两横排列。

4. 蛹

长14毫米，褐色，外被灰白色椭圆形茧。

（三）发生规律

桃蛀螟1年发生2~5代，世代重叠严重。以老熟幼虫在玉米秸秆、叶鞘、雌穗、果树翘皮和裂缝中结厚茧越冬。翌年化蛹羽化，成虫有趋光性和趋糖蜜性。卵多散产在穗上部叶片、花丝及其周围的苞叶上，初孵幼虫多从雄蕊小花、花梗及叶鞘、苞叶部蛀入为害。喜湿，多雨高湿年份发生重，少雨干旱年份发生轻。卵期一般为6~8天，幼虫期为15~20天，蛹期为7~9天，完成1个世代需1个多月。第1代卵孵化盛期在6月上旬，幼虫盛期在6月上中旬；第2代卵孵化盛期在7月上中旬，幼虫盛期在7月中下旬；第3代卵孵化盛期在8月上旬，幼虫盛期在8月上中旬。幼虫为害至9月下旬陆续老熟，转移至越冬场所越冬。

（四）防治方法

1. 农业防治

秸秆粉碎还田，消灭秸秆中的幼虫，减少越冬幼虫基数。

2. 物理防治

在成虫发生期，采用频振式杀虫灯、黑光灯、性诱剂或用糖醋液诱杀成虫，以减轻下代为害。

3. 药剂防治

药剂防治方法同玉米螟。

九、灰飞虱

（一）为害特征

灰飞虱是同翅目飞虱科害虫。灰飞虱的寄主广泛，除玉米

外，也为害水稻、麦类、高粱、谷子等禾谷类作物及多种禾本科杂草。

灰飞虱成虫、若虫均以口器刺吸玉米汁液为害，一般群集于玉米丛中上部叶片。近年来发现部分玉米穗部受害亦较严重，虫口大时，玉米株汁液大量丧失而枯黄，同时因大量蜜露洒落于附近叶片或穗子上而滋生霉菌。灰飞虱能传播玉米条纹矮缩病毒、水稻黑条矮缩病毒（引起玉米粗缩病）等多种植物病毒。

（二）形态特征

灰飞虱体小型，能跳跃，口器刺吸式，后足胫节末端有一显著的距，扁平，能活动。触角短，锥形。成虫翅透明，有长翅型和短翅型 2 种类型。有成虫、卵、若虫等虫态。

灰飞虱成虫有长翅型和短翅型 2 种类型。长翅型雄虫体长（连翅）3.5 毫米，雌虫体长 4.0 毫米；短翅型雄虫体长 2.3 毫米，雌虫体长 2.5 毫米。雄虫头顶与前胸背板黄色；雌虫则中部淡黄色，两侧暗褐色。前翅近于透明，具翅斑。胸、腹部腹面雄虫为黑褐色，雌虫为黄褐色，足皆淡褐色。

灰飞虱卵为长卵圆形，弯曲。初产时呈乳白色，后渐变为灰黄色，孵化前在较细一端出现 1 对紫红色眼点。卵粒成簇或成双行排列。

灰飞虱若虫共 5 龄。1 龄若虫体乳白色至淡黄色，胸部各节背面沿正中有纵行白色部分。2 龄若虫体黄白色，胸部各节背面为灰色。3~5 龄若虫体灰黄色至黄褐色，腹部背面有灰色云斑。第 3、第 4 腹节各有 1 对“八”字形浅色斑纹。

（三）发生规律

灰飞虱在北方 1 年发生 4~5 代，长江流域 1 年 5~6 代，福建 1 年 7~8 代。在北方多以 3~4 龄若虫在麦田内或杂草丛中越冬。南方成虫、若虫都可越冬。在陕西关中麦区 1 年约发生 5

代，以成虫在麦株基部土缝内越冬，春季3月上旬开始活动，在麦田繁殖，5—6月随着小麦黄熟而转移到玉米、高粱、谷子等作物田内，或迁往田边、渠岸杂草上。10月冬小麦出苗后又迁到麦田，为害一段时间后进入越冬。

灰飞虱耐低温能力较强，对高温适应性较差，不耐夏季高温，其生长发育的适宜温度为23~25℃。在冬暖夏凉的条件下可能大发生。长翅型成虫有趋光性和趋嫩绿性。田间杂草丛生，有利于灰飞虱取食繁殖。麦田套种玉米，苗期正值第1代灰飞虱成虫迁飞盛期，受害严重。灰飞虱有趋湿性，田间低洼潮湿，杂草密度大，发虫量激增。夏、秋季多雨年份杂草茂盛，有利于灰飞虱越夏和繁殖，暖冬有利于灰飞虱越冬，皆增加虫口数量。

(四) 防治方法

1. 种衣剂拌种

在玉米、水稻、大蒜等播种前，用35%噻虫嗪悬浮种衣剂按照药种比1∶100拌种，或用60%吡虫啉悬浮种衣剂按照药种比1∶300拌种，可有效防治灰飞虱的为害，有效期可达90天左右。

2. 土壤处理

在大蒜、玉米等旱地作物播种或移栽时，用5%噻虫嗪颗粒剂撒施或穴施，每亩2~4千克，也可有效防治灰飞虱的为害，有效期长达60~80天。

3. 药剂防治

对发生初期的早播玉米、套播玉米、夏直播玉米、大蒜和稻田等都要防治。可每亩用80%烯啶·吡蚜酮水分散粒剂8~10克喷雾防治，或用22%氟啶虫胺腈悬浮剂10克喷雾防治，同时注意田边、沟边喷药防治，有效期可达15天左右。

十、双斑萤叶甲

（一）病害特征

双斑萤叶甲又称双斑长跗萤叶甲。双斑萤叶甲为害作物叶片，在玉米上常咬断或取食花丝、雌穗，影响玉米授粉结实，一般造成玉米产量损失达15%左右。

双斑萤叶甲1年发生1代，以卵在土中越冬。5月开始孵化，自然条件下，孵化率很不整齐。幼虫全部生活在土中，一般靠近根部距土表3~8厘米，以杂草根为食，尤喜食禾本科植物根。成虫7月初开始出现，7月上中旬开始增多，一直延续至10月，玉米雌穗吐丝盛期，亦是成虫盛发期，为害玉米，先顺叶脉取食叶肉，并逐渐转移到嫩穗上，取食花丝、初灌浆的嫩粒。成虫有群聚为害习性，往往在一单株作物上自下而上取食，而邻近植株受害轻或不受害。

（二）形态特征

双斑萤叶甲有成虫、卵、幼虫、蛹4个虫态。

1. 成虫

长卵圆形，体长3.5~4.0毫米。头、胸赤褐色。复眼黑色，触角11节，丝状，灰褐色，端部黑色。鞘翅基半部黑色，上有2个淡色斑，斑前方缺刻较小，鞘翅端半部黄色。胸部腹面黑色，腹部腹面黄褐色，体毛灰白色，足黄褐色。

2. 卵

椭圆形，长0.6毫米，棕黄色，表面有近似正六角形的网状纹。

3. 幼虫

体长6~9毫米，黄白色，表面有排列规则的毛瘤和刚毛。前胸背板骨化色深，腹部末端有铲形骨化板。老熟幼虫化蛹前，体粗而稍弯曲。

4. 蛹

纺锤形，长2.8~3.5毫米，宽2毫米，白色，表面具刚毛。触角向外侧伸出，向腹面弯转。

（三）发生规律

在北方1年发生1代，以卵在土壤中越冬。翌年5月越冬卵开始孵化，出现幼虫。幼虫有3龄，幼虫期约30天，在土壤中活动，取食植物根部。老熟幼虫在土壤中筑土室化蛹，蛹期7~10天。成虫7月初开始出现，成虫期长达3个多月，一直延续至10月。成虫通常先取食田边杂草，不久转移到玉米田、豆田或其他作物田为害，7—8月为成虫为害盛期。成虫在白天活动，气温高于15℃时成虫活跃，能跳跃和短距离飞翔，有群集性、趋嫩性和弱趋光性。成虫羽化后20多天即交尾产卵。卵产在表土缝隙中或植物叶片上，散产或几粒黏结在一起。每只雌虫每次产卵10~12粒。

高温干旱有利于双斑萤叶甲的发生。气温在19~30℃范围内，随着温度的升高，卵发育速率加快。干旱年份降水减少，发生加重，多雨年份发生较轻，暴雨更不利于该虫生存。农田生态条件对其也有明显影响，土壤质地为黏土的发虫早而重，壤土、砂土发虫则较轻。免耕田和杂草多、管理粗放的农田发生较重。

（四）防治方法

1. 农业防治

秋耕冬灌，清除田间、地边杂草，减少双斑萤叶甲的越冬寄主植物，降低越冬虫口基数；在玉米生长期合理施肥，提高植株的抗逆性；对双斑萤叶甲为害重的田块应及时补水、补肥，促进玉米的营养生长及生殖生长。

2. 人工防治

该虫有一定的迁飞性，可用捕虫网捕杀，降低虫口基数。

3. 生物防治

合理使用农药，保护利用双斑萤叶甲天敌。双斑萤叶甲的天敌主要有瓢虫、蜘蛛、螳螂等。

4. 药剂防治

由于该虫越冬场所复杂，因此在防治策略上坚持以“先治田外，后治田内”的原则防治成虫。6 月下旬就应该防治田边、地头、渠边等寄主植物上羽化出土的成虫；7 月下旬在玉米抽雄、吐丝前，百株玉米双斑萤叶甲成虫虫口达 300 头，或被害株率达 30%时进行防治。可用 25%噻虫嗪水分散粒剂每亩 2.0 克及生物制剂棉铃虫核型多角体病毒每亩 30 克，兑水 50 千克喷雾都具有很好的防治效果。应统一防治双斑萤叶甲，施药时间应选在早晨 9 时之前、下午 4 时以后为宜。

十一、玉米叶夜蛾

（一）为害特征

玉米叶夜蛾又名甜菜夜蛾，分布广泛，寄主种类多达 170 余种，其中包括玉米、高粱、谷子、甜菜、棉花、大豆、花生、烟草、苜蓿、蔬菜等。该虫具有暴发性，猖獗发生年份可造成作物产量重大损失，近年来有加重发生的趋势。

幼虫取食叶片。低龄幼虫在叶片上咬食叶肉，残留一侧表皮，成透明斑点；大龄幼虫将叶片吃成孔洞或缺刻，严重的将叶片吃成网状。为害幼苗时，甚至可将幼苗吃光。

（二）形态特征

玉米叶夜蛾属鳞翅目夜蛾科。该虫有成虫、卵、幼虫、蛹等虫态。

1. 成虫

体长 10~14 毫米，翅展 25~33 毫米，呈灰褐色。前翅中央近前缘的外侧有肾形纹1个，内侧有环形纹1个，肾形纹大小为环形纹的1.5~2.0倍，土红色。后翅银白色，略带紫粉红色，翅缘灰褐色。

2. 卵

馒头形，白色，直径0.2~0.3毫米。

3. 幼虫

老熟幼虫体长22毫米，体色变化较大，有绿色、暗绿色、灰绿色、黄褐色、褐色、黑褐色等不同颜色。气门下线为黄白色纵带，每节气门后上方各有1个明显的白点。

4. 蛹

体长10毫米，呈黄褐色。

（三）发生规律

玉米叶夜蛾在华北地区1年发生3~4代，在陕西、山东等地1年发生4~5代，长江流域1年发生5~6代，世代重叠。在长江以北以蛹在土室内越冬，在其他地区各虫态都可越冬，在亚热带和热带地区无越冬现象。

成虫白天潜伏在土缝、土块、杂草丛中及枯叶下等隐蔽处。夜晚活动。成虫趋光性强，趋化性稍弱。卵产于叶片背面，聚产成块，卵块单层或双层，卵块上覆盖灰白色绒毛。幼虫一般5龄，少数6龄。3龄前幼虫群集叶背，吐丝结网，在内取食，食量小。3龄后幼虫分散取食，4龄后幼虫食量剧增。幼虫杂食性，昼伏夜出，畏阳光，受惊后卷成团，坠地假死。幼虫老熟后入土，吐丝筑室化蛹，化蛹深度多为0.2~2.0厘米。

玉米叶夜蛾具有间歇性发生的特点，不同年份发虫量差异很大。玉米叶夜蛾对低温敏感，抗寒性弱。不同虫期的抗寒性又有差异，蛹期和卵期抗寒性稍强，成虫和幼虫抗寒性较弱。成虫在0℃条件下，几天甚至几小时即会死亡，幼虫在2℃时几天后大

量死亡。若以抗寒性弱的虫期进入越冬期，冬季又长期低温，则幼虫越冬死亡率高，翌年春季发虫少。

(四) 防治方法

1. 诱杀成虫

在成虫数量开始上升时，可用黑光灯、高压汞灯或糖醋液诱杀成虫；也可利用玉米叶夜蛾性诱剂诱杀雄虫。

2. 农业防治

铲除田边地头的杂草，减少玉米叶夜蛾滋生场所；化蛹期及时浅翻地，消灭翻出的虫蛹；利用幼虫假死性，人工捕捉，将白纸或黄纸平铺在垄间，震动植株，幼虫即落到纸上，捕捉后集中杀死；晚秋或初冬翻耕，可消灭越冬蛹。

3. 药剂防治

大龄幼虫抗药性很强，应在幼虫2龄以前及时喷药防治。在卵孵化期和1~2龄幼虫盛期施药，可用2.5%高效氟氯氰菊酯水乳剂1 000倍液加50克/升氟虫脲可分散液剂500倍液混合喷雾，或用10%氯氰菊酯乳油1 000倍液加50克/升氟虫脲可分散液剂500倍液混合喷雾。晴天在清晨或傍晚施药，阴天全天都可施药。

对大龄幼虫或已经产生抗药性的幼虫，可用10%虫螨腈悬浮液1 000~1 500倍液、48%毒死蜱乳油1 000~1 500倍液、5%氯虫苯甲酰胺悬浮剂1 500倍液、15%茚虫威悬浮剂3 500倍液或20%氟虫双酰胺水分散粒剂2 500倍液等喷雾。

十二、二点委夜蛾

(一) 为害特征

二点委夜蛾属鳞翅目夜蛾科，由于近几年麦秸大量滞留田间，为二点委夜蛾的发生为害提供有利条件，逐年加重发生。幼虫主要从玉米幼苗茎基部钻蛀到茎心后向上取食，形成圆形或椭圆形孔洞，钻蛀较深切断生长点时，心叶失水萎蔫，形成枯心；严重时直接蛀断，整株死亡；或取食玉米气生根系，造成玉米植株倾斜或侧倒。

（二）形态特征

二点委夜蛾幼虫体长 14~18 毫米，最长可达 20 毫米，黄黑色到黑褐色；头部褐色，额深褐色，额侧片黄色，额侧缝黄褐色；腹部背面有 2 条褐色背侧线，到胸节消失，各体节背面前缘具有 1 个倒三角形的深褐色斑纹；气门黑色，气门上线黑褐色，气门下线白色；体表光滑。有假死性，受惊后蜷缩成“C”形。成虫体长 10~13 毫米，灰褐色。前翅黑灰色，上有白点、黑点各 1 个；后翅银灰色，有光泽。

（三）发生规律

二点委夜蛾在黄淮海小麦玉米连作区 1 年发生 4 代，主要以做茧后的幼虫越冬，少数以蛹或未作茧的幼虫越冬。翌年 3 月越冬幼虫陆续化蛹。4 月上旬和中旬成虫羽化。1~2 代幼虫以取食小麦、玉米为主，2 代幼虫是为害夏玉米的主害代，从 6 月下旬和中旬开始，幼虫为害玉米幼苗，延续到 7 月上中旬。3 代幼虫数量较少，栖息场所复杂，部分幼虫可继续在玉米田为害。成虫喜在麦套玉米田活动，昼伏夜出，白天隐藏在植株下部叶背、土缝间或地表麦秸下，有趋光性。成虫飞行或随气流扩散，飞翔高度 1 米左右，每次飞翔距离 3~5 米。卵多散产于玉米苗基部和附近土壤，1 只雌虫能产卵 300~2 000 粒，产卵期持续约 1 个月。

幼虫有避光习性，在玉米根际还田的碎麦秸下或 2~5 厘米深的表土层活动，白天隐蔽潜伏，夜间取食为害。有转株为害的习性。田间幼虫虫龄不整齐，1~5 龄幼虫可同期存在。老熟幼虫

多在作物附近土表作茧化蛹。

二点委夜蛾喜好荫蔽、潮湿的环境。实行小麦秸秆还田后，麦秸、麦糠覆盖密度大的地块发生较重。棉田倒茬的玉米田比重茬玉米田发生严重，播种晚的田块比播种早的严重，田间湿度高的比湿度低的严重。

（四）防治方法

1. 农业防治

麦收后使用灭茬机或浅旋耕灭茬后再播种玉米，即可有效减轻二点委夜蛾为害，也可提高玉米的播种质量，促使苗齐、苗壮。及时人工除草和化学除草，清除麦茬和麦秆残留物，减少害虫滋生环境条件；提高播种质量，培育壮苗，增强抗病虫能力。

2. 药剂防治

幼虫 3 龄前防治，最佳时期为出苗前（播种前后均可）。

（1）撒毒饵　每亩用 4～5 千克炒香的麦麸或粉碎后炒香的棉籽饼，与兑少量水的 90%敌百虫可溶粉剂或 48%毒死蜱乳油 500 克拌成毒饵，在傍晚顺垄撒在玉米苗边。

（2）撒毒土　每亩用 80%敌敌畏乳油 300～500 毫升拌 25 千克细土，早晨顺垄撒在玉米苗边，防效较好。

（3）灌药　随水灌药，每亩用 48%毒死蜱乳油 1 千克，在浇地时灌入田中。喷灌玉米苗，可以将喷头拧下，逐株顺茎滴药液，或用直喷头喷根茎部，药剂可选用 48%毒死蜱乳油 1 500 倍液、30%乙酰甲胺磷乳油 1 000 倍液、2.5%高效氯氟氰菊酯乳油 2 500 倍液或 4.5%高效氯氰菊酯乳油 1 000 倍液等。药液量要大，保证渗到玉米根周围 30 厘米左右害虫藏匿的地方。还可使用氯虫苯甲酰胺、菊酯类、甲氨基阿维菌素苯甲酸盐、茚虫威等。

第四节　玉米田杂草防治技术

一、主要杂草

（一）香附子

别名：莎草、旱三棱、回头青。属莎草科。

1. 形态特征

多年生草本，具地下横走根茎，顶端膨大成圆形褐色块茎，有香味。秆三棱形，直立。叶基生，短于秆。花序长侧枝聚伞形，具3~10条长短不等的辐射枝，每枝有3~10个排列成伞形的小穗，小穗条形。

2. 生物学特性

块茎和种子繁殖。块茎发芽最低温度为13℃，适宜温度为30~35℃，最高温度为40℃。香附子较耐热而不耐寒，冬天在-5℃以下开始死亡，所以香附子不能在寒带地区生存。香附子较为喜光，遮阴能明显影响块茎的形成。4月发芽出苗，6—7月抽穗、开花，8—10月结籽、成熟。

香附子块茎的生命力比较顽强。其存活的临界含水量为11%~16%，通常从地下挖出单个块茎暴晒3天，仍有50%存活。块茎的繁殖力惊人，在适宜的条件下，1个块茎100天可繁殖100多棵植株。种子可借风力、水流及人、畜活动传播。

3. 分布与为害

为世界性杂草。在我国主要分布于中南、华东、西南热带和亚热带地区，河南、河北、山西、陕西、甘肃等地也有。为秋熟旱作物田杂草，喜生于湿润疏松性土壤，沙土地发生较为严重。此外，也是蛴象、铁甲虫等的寄主。

(二) 狗牙根

别名：绊根草、爬地草。属禾本科。

1. 形态特征

多年生草本，具根状茎或匍匐茎，直立秆高 10~30 厘米。匍匐茎坚硬、光滑，长可达 1 米以上，节间长短不一，并于节上生根和分枝。叶鞘具脊，鞘口通常具柔毛；叶舌短，具小纤毛；叶片条形。花序穗状 3~6 枚，呈指状排列于秆顶；小穗灰绿色或带紫色。

2. 生物学特性

种子量少、细小且发芽率低，故以匍匐茎繁殖为主。狗牙根喜热而不耐寒，喜光而不耐阴，喜湿也较耐旱。对土壤质地和 pH 值适应范围较宽，从黏壤到砂壤、从酸土到碱土都能生长。狗芽根营养繁殖能力很强，平均每株的匍匐茎具 24~35 个芽节，节上生枝，枝再分蘖。在我国中北部地区，4 月初从匍匐茎或根茎上长出新芽，4—5 月迅速扩展蔓延，交织成网而覆盖地面；6 月开始陆续抽穗、开花、结实；10 月颖果成熟、脱落，并随风或流水传播扩散。

3. 分布与为害

在我国多分布于黄河流域以南及甘肃、陕西、山西、河南等地。主要为害旱田作物和果树。此外，是叶蝉、蚜虫、稻瘿蚊、铁甲虫等的寄主，并能感染小麦全蚀病和水稻纹枯病。

(三) 牛筋草

别名：蟋蟀草。属禾本科。

1. 形态特征

一年生草本，高 15~90 厘米。秆丛生，基部倾斜向四周开展，铺散成盘状。叶鞘压扁而具脊，鞘口具柔毛；叶舌短，叶片扁平或卷折。花序穗状 2~7 枚，呈指状排列于秆顶；小穗含 3~

6 朵花，成双行密集于穗轴的一侧；颖披针形，有脊。

2. 生物学特性

种子繁殖。在我国中北部地区，5 月初出苗，并很快形成第 1 次高峰；而后于 9 月初出现第 2 次高峰。颖果于 7—10 月陆续成熟，边成熟边脱落，有部分随流水、风力和动物传播。种子经冬季休眠后萌发。

3. 分布与为害

遍布全国各地，生于较湿润的荒野和农田，主要为害棉花、玉米、豆类、瓜类、薯类、蔬菜、果树等作物。

(四) 马唐

别名：抓地草、须草。属禾本科。

1. 形态特征

一年生草本，秆丛生，基部展开或倾斜，着地后易生根或具分枝，光滑无毛。叶鞘松弛抱茎，大都短于节间；叶舌膜质，黄棕色，先端钝圆。叶片呈条状，披针形，两面疏生软毛或无毛。总状花序 3~10 个，长 5~18 厘米，上部互生或呈指状排列于茎顶，下部近于轮生。

2. 生物学特性

种子繁殖。种子发芽的适宜温度为 25~35℃，因此多在初夏发生；适宜的土层深度为 1~6 厘米，以 1~3 厘米发芽率最高。苗期 4—6 月，花果期 6—11 月，种子边成熟边脱落，可借风力、流水和动物活动传播扩散，繁殖力很强。

3. 分布与为害

分布于全国各地，以秦岭、淮河以北地区发生面积最大。属秋熟旱作物恶性杂草，发生数量、分布范围在旱地杂草中均居首位，以作物生长前中期为害为主。此外，也是棉实夜蛾、稻飞虱的寄主，并能感染粟瘟病、麦雪腐和菌核病等。

（五）反枝苋

别名：野苋菜、西风谷、人苋菜。属苋科。

1. 形态特征

高20~80厘米，全株密生短柔毛，苞片顶端针刺状；茎直立，单一或有分枝。叶互生，具长柄；叶片菱状卵形或椭圆状卵形，先端锐尖或微凹，基部楔形，全缘或波状缘，叶脉突出。花序圆锥状，顶生或腋生，由多数穗状花序组成，被片5枚，雄蕊5枚。胞果扁卵形或扁圆形。

2. 生物学特性

一年生草本，种子繁殖。华北地区早春萌发，4月初出苗，4月中旬至5月上旬为出苗高峰期；花期7—8月，果期8—9月；种子边成熟边脱落，借风传播。适宜发芽温度为15~30℃，通常发芽深度多在2厘米以内；生活力强，种子量大，每株可产种子达几万粒，种子埋于土层深处10年以上仍有发芽能力。

3. 分布与为害

广泛分布，适应性强，喜湿润环境，也比较耐旱，为农田主要杂草之一。

（六）藜

别名：灰菜、落藜。属藜科。

1. 形态特征

茎直立，高60~120厘米，多分枝，有条纹。叶互生，具长柄，菱状卵形或近三角形，边缘具不整齐浅裂齿，叶背有粉粒。花两性，数个花集成团伞花簇，花小，被片5枚。胞果完全包于花被内或顶端稍露。

2. 生物学特性

一年生草本，种子繁殖。种子发芽的最低温度为10℃，最适宜温度为20~30℃，最高温度为40℃。适宜土层深度在4厘米以内。3—4月出苗，7—8月开花，8—9月成熟。种子落地或借外力传播。每株产种子可达22 400粒，种子经冬眠后再萌发。

3. 分布与为害

全国各地均有分布。适应性强，抗寒、耐旱，喜肥、喜光，为农田主要杂草，发生量大，为害严重。此外，也是地老虎、棉铃虫的寄主。

(七) 马齿苋

别名：马齿菜。属马齿苋科。

1. 形态特征

肉质草本，全株光滑无毛。茎伏卧，枝淡绿色或带暗红色；叶互生，叶片扁平，肥厚，似马齿状；花小，无梗，3~5朵簇生于枝顶；种子肾状扁卵形，黑褐色，有光泽。

2. 生物学特性

一年生草本。喜高湿，耐旱、耐涝，具向阳性。种子繁殖，果实种子量大，适宜土层深度在3厘米以内。

3. 分布与为害

遍布全国，为秋熟旱地作物的主要杂草。生于较肥沃而湿润的农田，生命力极强，拔掉暴晒数日不死。

(八) 葎草

别名：拉拉秧。属桑科。

1. 形态特征

茎缠绕，多分枝，长可达5米。茎、枝、叶柄均密生倒刺。叶对生，具长柄；叶片掌状，5~7深裂。雄花小，黄绿色，花序圆锥状；雌花序球果状，苞片纸质，三角形。

2. 生物学特性

一年生草本，种子繁殖。适应能力非常强，适生幅度特别宽，喜欢生长于肥土上，但贫瘠之处也能生长。在我国北方地

区，4月前后出苗，6—9月开花，8—10月果实渐次成熟。种子经越冬休眠后萌发。

3. 分布与为害

除新疆、青海外，其他地区均有分布。常群生于沟边、路旁等处和农田、果园、菜园中。小麦、玉米、果树、棉花、瓜类作物田亦有发生。

(九) 苘麻

别名：青麻。属锦葵科。

1. 形态特征

株高30~200厘米。茎直立，上部有分枝，有柔毛。叶对生，叶片圆心形，先端尖，基部心形，两面密生柔毛，叶柄长。花单生于叶腋；花萼杯状，5裂；花瓣鲜黄色，5枚。蒴果半球形，分果瓣15~20个，有粗毛，先端有2长芒。种子肾状，有瘤状突起，灰褐色。

2. 生物学特性

种子繁殖。在我国中北部，4—5月出苗，花期6—8月，果期8—9月，晚秋全株死亡。

3. 分布与为害

常见于农田、荒地或路旁。对棉花、豆类、禾谷类、瓜类、油菜、甜菜、蔬菜、果树作物有害。

(十) 马泡瓜

别名：小野瓜、小马泡。属葫芦科。

1. 形态特征

萦蔓生，叶呈心形或楔形，表面较为粗糙，有刺毛。花黄色，雌雄同株同花，花冠具有3~5裂，子房长椭圆形，花柱细长，柱头3枚。果实大小不一、颜色各异，果味香、甜、酸、苦均有。种子淡黄色，扁平，长椭圆形，表面光滑，种仁白色。

2. 生物学特性

种子繁殖。在我国中北部，7—8 月开花，9 月果实渐次成熟，全株干枯后果实散落地面。

3. 分布与为害

主要集中在河北、山东、辽宁、河南、江苏、安徽等地。生于农田、路旁或荒野，为害棉花、瓜类、薯类、禾谷类、甜菜、蔬菜、果树等作物。

（十一）打碗花

别名：小旋花。属旋花亚科。

1. 形态特征

多年生草本，具地下横走根状茎。茎蔓细长，长 30~100 厘米，茎匍匐或攀缘；叶互生，具长柄，基部叶片长圆状心形，全缘，上部叶片三角状戟形，侧裂片开 2 裂，两面无毛；花冠漏斗形（喇叭状），粉红色或白色，口近圆形微呈五角形，与同科其他常见种相比花较小，喉部近白色。在我国部分地区不结果，蒴果卵圆形；种子倒卵形，黑褐色。实生苗子，叶方形，先端微凹，有柄；初生叶 1 片，宽卵形，亦有柄。

2. 生物学特性

根芽和种子繁殖。根状茎多集中于耕作层中。在我国中北部，根芽 3 月开始出土，春苗和秋苗分别于 4—5 月和 9—10 月生长繁殖最快，春苗 6 月开花结实，茎叶炎夏干枯，秋苗茎叶入冬枯死。

3. 分布与为害

广布全国各地，适生于湿润而肥沃的土壤，亦耐瘠薄、干旱。由于地下茎蔓延迅速，常成单优种群落，对农田为害较严重。

二、杂草的分布与规律

(一) 杂草的分布特点

玉米田的杂草发生普遍，种类繁多。根据全国杂草普查结果，全国玉米田杂草有 22 科 38 属 43 种，主要杂草有马唐、稗草、狗尾草、牛筋草、反枝苋、马齿苋、铁苋菜、藜、苍耳、香附子等。玉米苗期受草害最为严重，苗期玉米受杂草为害时，植株矮小、秆细叶黄，导致玉米中后期生长不良，严重减产。在玉米生长中后期，杂草对玉米影响较小，不会造成较大经济损失。同时，杂草还是一些病虫害的中间寄主和传播介体，草害严重的地块，有利于一些病虫害如灰飞虱、蓟马、粗缩病等的发生。

1. 黄淮海夏播玉米田草害区

在淮河、秦岭以北，包括山东、河南全部，河北中南部、山西中南部、陕西中部、江苏和安徽北部，是我国玉米最大的种植区。该地区属暖温带，一年两熟，多为玉米与小麦轮作，也有玉米与大豆、花生等套作。主要杂草种类有马唐、马齿苋、牛筋草、打碗花、藜、画眉草、狗尾草、香附子等。

2. 北方春播玉米田草害区

在黑龙江、吉林、辽宁、宁夏和内蒙古的全部，山西的大部，河北、陕西和甘肃的一部分，是我国第二大玉米种植区。该地区属寒温带湿润半湿润气候，一年一熟，多以玉米和小麦、大豆、高粱轮作。主要杂草种类有藜、马唐、稗草、龙葵、铁苋菜、狗尾草、葎草、苍耳、蓼、蓟等。

3. 西南山区玉米田草害区

包括四川、贵州、广西、云南、湖北和湖南西部、陕西南部以及甘肃的一小部分。该地区地势复杂，一年一熟或多熟。主要杂草有凹头苋、尼泊尔蓼、辣子草、毛臂形草、绿狗尾草、马唐、蓼、苦蘵（苦职）等。

4. 南方丘陵草害区

包括广东、海南、福建、浙江、江西、台湾，江苏、安徽的南部，广西、湖南、湖北的东部。该地区是我国的水稻产区，玉米面积较小，为我国秋冬玉米种植区，一年一熟或多熟。主要杂草有马唐、牛筋草、稗草、胜红蓟、香附子、绿狗尾草、碎米莎草、空心莲子草等。

5. 西北玉米田草害区

包括新疆、甘肃的河西走廊以及宁夏河套灌溉区，一年一熟，以春玉米为主，主要杂草有藜、稗、田旋花、蓟、灰绿藜等。

（二）杂草的生物学特性

玉米田的杂草，大多数通过种子进行繁殖，有少数杂草通过营养器官繁殖，尤其是多年生杂草，具有发达的根茎，且有很强的再生能力。

1. 种子数量多

1 株杂草产种子少则数百粒，多则数万粒，如 1 株稗草可产种子 1 万粒左右，1 株马齿苋可产种子 10 万粒以上。

2. 生活力很强

杂草生长耐贫瘠、耐干旱及其他不良环境。尤其是一年生杂草，遇到不良条件，可提前开花结实，迅速完成生活史。苦菜、蓟有强大的分枝，可深入土壤 1 米以下；香附子 1 年内地上部分单株所占面积可增至 10 米^2。

3. 种子寿命长

杂草种子寿命一般为 2～3 年，有的达数十年，如龙葵种子寿命长达 20 年，车前草、马齿苋种子几十年后还能发芽。

4. 传播途径广

杂草种子可借助风、流水和动物活动进行传播，亦可人为

传播。

(三) 杂草的发生规律

春玉米和夏玉米由于播期不同，其杂草发生特点有明显的差异。

1. 春玉米

播种时气温较低，一般日平均气温10~12℃，玉米苗期生长较慢，田间露白面积大，对杂草的发生十分有利。春玉米田杂草自玉米播种后就开始发生，和玉米几乎同步生长，随着气温上升，杂草发生进入高峰；一般发生期长，出苗不整齐。

2. 夏玉米

播期一般在6月上中旬，温度较高，玉米与杂草生长较快，在土壤墒情较好时杂草发生集中，一般在播后10天即达出苗高峰，15天出苗杂草数可达杂草总数的90%，播后30天杂草出土率在97%左右。玉米田杂草的发生与多种因素有关，如遇灌水或降水，可以加快杂草的发生，易形成草荒，而干旱时则杂草出苗不齐。

无论是春玉米还是夏玉米，均在苗期受杂草的为害最重，中后期的玉米形成高大密闭的群体，杂草的发生与生长受到抑制，对产量的影响不大。所以，玉米田杂草的化学防治应抓好播后苗前和苗后早期2个关键时期，及时进行化学除草。

不同耕作条件下，玉米田杂草群落均以单子叶杂草为主。在少耕条件下，由于大量落地的杂草种子集中在浅土层，有利于杂草的萌发为害，杂草发生数量高于常规耕作区。降水对杂草的出苗有较大影响，凡连续降水大于10毫米，3天后田间就可以出现一次杂草出苗小高峰。

三、杂草的防治措施

近年来，随着农业生产的发展，耕作制度发生了变化，玉米田杂草也发生了很多变化。部分地区免耕和小麦播种前浅旋耕代替了传统的深翻耕方式；小麦普遍采用机械收割，麦茬高、麦糠和麦秸多，部分玉米田在小麦收获前实行行间点播；农田肥水条件普遍提高，杂草生长旺盛；玉米田除草剂单一品种长期应用，部分地块香附子等恶性杂草大量增加。在玉米田杂草防治中应对不同栽培方式、不同管理水平、不同生育期区别对待，选用适宜的除草剂品种和配套的施药技术。

（一）根据玉米生育期

1. 玉米播后出芽前

玉米播后出芽前施药可以在草害发生之前有效控制杂草，由于此时玉米苗未出土，对玉米苗安全性较高。而且，此时田间没有作物，便于机械化施药作业。但值得注意的是，播后出芽前施药，土壤必须保持墒情充足才能使药剂充分发挥作用，在干旱条件下施药则除草效果差，甚至无效。另外，除草剂施用剂量与药效在一定程度受土壤有机质含量和 pH 值的影响。对于部分田间麦茬较高、麦秸和麦糠较多的田块，由于杂草出苗受麦茬影响，一般杂草出苗不齐，发生量有所减少，但后期进入雨季后会发生大量杂草，所以尽可能选用以根、茎、叶均能吸收的除草混剂，施药时尽可能加大水量，使药剂能喷淋到土表。每亩可用 38%莠去津悬浮剂 100~150 毫升加 4%烟嘧磺隆悬浮剂 75~100 毫升，或 38%莠去津悬浮剂 100~150 毫升加 50%乙草胺乳油 75~100 毫升，兑水 50 千克，均匀喷雾，不仅具有较好的封闭除草效果，也兼有较好防除杂草幼苗的效果。

在我国北方部分地区，玉米播种前田间发生有少量杂草，每亩可用 48%乙莠［配方比例为（1：2）~（2：3）］悬浮剂 200 毫升或 40%异丙・莠悬浮剂 200 毫升或 40%异丙甲・莠悬浮剂 200 毫升，加入 20%草铵膦水剂 200~250 毫升，兑水 30 千克，

在玉米播种后出芽前及时施药，可有效防治一年生禾本科杂草和阔叶杂草，不仅具有较好的封闭除草效果，也兼有较好的防除杂草幼苗的效果。对于田间有大量香附子的田块，宜选用每亩38%莠去津悬浮剂100~150毫升加4%烟嘧磺隆悬浮剂75~100毫升。

2. 玉米2~4叶期

玉米2~4叶期，是玉米田杂草防治的一个重要时期：一是因为大多数除草剂对5叶期以前玉米苗相对安全；二是因为4叶期以前多处于6月上中旬，华北地区雨季尚未到来，田间杂草发生较轻，所以施药方便，也易于收到较好的除草效果。

在玉米2~4叶期，如田间香附子大量发生时，可每亩用4%烟嘧磺隆悬浮剂75~100毫升或25%砜嘧磺隆水分散粒剂5~6克，兑水40千克。施药时需均匀喷施，不匀或药量较大时，玉米叶片会出现少量黄斑，短时间内可以恢复，一般不会影响玉米的生长和产量。玉米5叶期以后不应轻易施药，否则，易产生药害。

3. 玉米5~7叶期

玉米5~7叶期田间杂草严重时每亩可用50%乙草胺乳油75~100毫升加38%莠去津悬浮剂100~150毫升，或用48%乙莠［配方比例为（1∶2）~（2∶3）］悬浮剂200~300毫升，或用40%异丙·莠悬浮剂200~300毫升，或用40%异丙甲·莠悬浮剂200~300毫升，兑水50千克。该类除草剂混用配方或混剂，主要以芽、根系和茎叶吸收，可以有效防治一年生禾本科杂草和阔叶杂草，施药时要注意戴防护罩进行定向喷雾，最好不要将药液喷施到玉米茎叶上，否则易产生药害。部分土壤墒情好、草密而小的田块，一次施药很难彻底防治所有杂草，可以先进行人工除草，然后再利用上述方法进行行间定向喷雾。

4. 玉米8叶期（株高50厘米）以后

玉米8叶期以后，株高超过50厘米，茎基部老化发紫后，

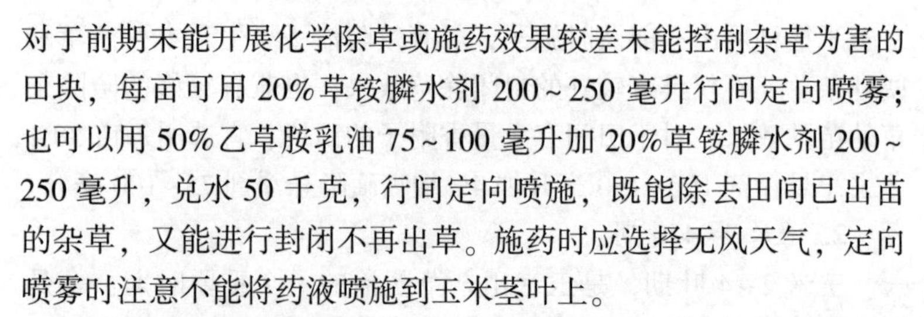

对于前期未能开展化学除草或施药效果较差未能控制杂草为害的田块，每亩可用20%草铵膦水剂200~250毫升行间定向喷雾；也可以用50%乙草胺乳油75~100毫升加20%草铵膦水剂200~250毫升，兑水50千克，行间定向喷施，既能除去田间已出苗的杂草，又能进行封闭不再出草。施药时应选择无风天气，定向喷雾时注意不能将药液喷施到玉米茎叶上。

（二）根据杂草种群

1. 藜、蓼、苋、龙葵、苍耳等阔叶杂草占优势的田块

可选择每亩用15%硝磺草酮悬浮剂60~70毫升加56% 2甲4氯可溶粉剂100克、30%苯唑草酮悬浮剂6毫升加56%2甲4氯可溶粉剂100克、15%硝磺草酮悬浮剂60~70毫升加20%氯氟吡氧乙酸乳油50毫升、15%硝磺草酮悬浮剂60~70毫升加38%莠去津悬浮剂100~150毫升等。

2. 马唐、狗尾草、稗草等禾本科杂草较多的田块

可选择每亩用4%烟嘧磺隆悬浮剂75~100毫升加50%乙草胺乳油75~100毫升，或用25%砜嘧磺隆水分散粒剂5~6克加72%异丙甲草胺乳油100~150毫升等，兑水30千克。

3. 田间阔叶杂草及禾本科杂草均发生严重的田块

宜采用杀草谱广的除草剂，或将不同作用机制除草剂混用扩大杀草谱。可每亩用4%烟嘧磺隆悬浮剂75~100毫升加15%硝磺草酮悬浮剂60~70毫升，或4%烟嘧磺隆悬浮剂75~100毫升加30%苯唑草酮悬浮剂6毫升，或72%异丙甲草胺乳油100~150毫升加38%莠去津悬浮剂100~150毫升，或33%二甲戊灵乳油200毫升加38%莠去津悬浮剂100~150毫升等，局部香附子重发生的田块，可混用56% 2甲4氯可溶粉剂100克，兑水30千克。

第六章　玉米气象灾害应对技术

第一节　玉米干旱灾害应对技术

玉米干旱灾害主要有春旱、伏旱和秋旱3类。

一、玉米春旱应对技术

春旱是指出现在3—5月的干旱，主要影响我国各地春播玉米播种、出苗与苗期生长。北方地区，春季气候干燥多风，水分蒸发量大，遇冬春枯水年份，易发生土壤干旱。播种至出苗阶段，表层土壤水分亏缺，种子处于干土层，不能发芽和出苗，播种、出苗期向后推迟，易造成缺苗；出苗的地块遇干旱苗势弱。苗期轻度水分胁迫对玉米生长发育影响较小，进入拔节期，植株生长旺盛，受旱玉米的长势明显不好，植株矮小，叶片短窄，植株上部的叶间距小。

如果底墒不足又遇到连续干旱就会造成叶片严重萎蔫，使幼苗生长受到很大影响。此时则需要及时进行适当灌溉并松土保墒，以供给幼苗期植株必要的水分，使其正常生长。此外，针对当地的气候情况，可采用苗期抗旱技术。

（一）因地制宜地采取蓄水保墒耕作技术

以土蓄水是解决旱地玉米需水的重要途径之一。建立以深松深翻为主体，松、耙、压相结合的土壤耕作制度，改善土壤结构，建立“土壤水库”，增强土壤蓄水保墒能力，提高抵御旱灾能力。在冬春降水充沛地区、河滩地、涝洼地等进行秋耕冬耕，能提高土壤蓄水能力，同时灭茬灭草，翌年利用返浆的土壤水分即可保证出苗。干旱春玉米区、山地、丘陵地，秋整地会增加冬春季土壤风蚀，加重旱情危害，增加春播前造墒的灌水量。采取保护性耕作措施，高留茬或整秆留茬，春季秸秆粉碎还田覆盖；深松整地，不翻动土壤；或免耕播种、耕播一次完成的复合作业，可提高抗旱能力。

（二）选择耐旱品种

因地制宜地选用耐旱和丰产性能好的品种，是提高玉米发芽率，确保播后不烂籽、出全苗，提高旱地玉米产量的有效措施。耐旱玉米品种一般具有如下特点：根系发达、生长快、入土深；叶片叶鞘茸毛多、气孔开度小、蒸腾少，在水分亏缺时光合作用下降幅度小；灌浆速度快、时间长、经济系数高，因而产量高。

（三）种子处理

采用干湿循环法处理种子，可有效提高其抗旱能力。方法是将玉米种子在20~25℃温水中浸泡两昼夜，捞出后晾干播种。经过抗旱锻炼的种子，根系生长快，幼苗矮健，叶片增宽，含水量较多，具有明显的抗旱增产效果。另外，还可以采用药剂浸种法：用氯化钙10克兑水1升，浸种（或闷种）5千克，5~6小时后即可播种，对玉米抗旱保苗也有良好的效果。提倡用生物钾肥拌种，每亩用500克，兑水250毫升溶解均匀后与玉米种子拌匀，稍加阴干后播种，能明显增强抗旱、抗倒伏能力。

（四）地膜覆盖与秸秆覆盖

覆膜栽培可防止水分蒸发、增加地温、提高光能和水肥利用率，具有保墒、保肥、增产、增收、增效等作用。对于正在播种且温度偏低的干旱地区，可直接挖穴抢墒点播，并覆盖地膜保

墒，防止土壤水分蒸发。地面覆盖作物秸杆后，使地表处丁遮阳状态，可减少地面水分蒸发，抑制杂草，减缓地面雨水汇集形成径流的速度，减少地面径流量，增加土壤对雨水的积蓄量。

（五）抗旱播种

根据玉米生长习性，进入适播期后，利用玉米苗期较耐旱的特点，使玉米的需水规律与自然降水基本吻合，可基本满足玉米生长发育对水分的需求。遇到干旱时，可采用以下措施：一是抢墒播种，二是起干种湿、深播浅盖，三是催芽或催芽坐水种，四是免耕播种，五是坐水播种，六是育苗移栽。这样可实现一播全苗。其中，育苗移栽比大田种植同生育时段能减少用水80%以上，并且可控性强，同时还可实现适期早播，缓解了与前作共生期争水、争光、争肥的矛盾，有利于保全苗、争齐苗、育壮苗。

（六）合理密植与施肥

要依据品种特性、整地状况、播种方式和保苗株数等情况确定播种量。为了保证合理的种植密度，在播种时应留足预备苗，以备补栽。增施有机肥不仅养分全、肥效长，而且可改善土壤结构，协调水、肥、气、热，起到以肥调水的作用；增施磷、钾肥可促进玉米根系生长，提高玉米抗旱能力。氮肥过多或不足都不利于抗旱。玉米根系分布有趋肥性，深施肥可诱使根系下扎，提高抗旱能力。正施肥（施肥于种子正下方）应注意种子（或幼苗）与肥料间距，以免水分亏缺时发生肥害。

（七）抗旱种衣剂和保水抗旱制剂的应用

保水抗旱制剂在旱作玉米上的应用有2类。一类叫土壤保水剂，是一种高吸水性树脂，能够吸收和保持自身重量400~1 000倍的水分，最高者达5 000倍。保水剂吸水保水性强而散发慢，可将土壤中多余水分积蓄起来，减少渗漏及蒸发损失。随着玉米的生长，再缓慢地将水释放出来，供玉米正常生长需要，起到“土壤水库”的作用。采用玉米拌种、沟施、穴施等方法，提高土壤保墒效果，使种子发芽快、出苗齐、幼苗生长健壮。另一类叫叶片蒸腾抑制剂，如黄腐酸、十六烷醇溶液，喷洒至叶片后可降低叶片蒸腾，增强抗旱能力，提高抗旱效果。

(八) 加强苗期田间管理

玉米苗期以促根、壮苗为中心，紧促紧管。要勤查苗，早追肥，早治虫（如地老虎、蝼蛄等），早除草，并结合中耕培土促其快缓苗，早发苗，力争在穗分化之前尽快形成较大的营养体。

二、玉米伏旱应对技术

伏旱，即伏天发生的干旱。从入伏到出伏，相当于从7月上旬至8月中旬，出现较长时间的晴热少雨天气，这对夏季农作物生长很不利，比春旱更严重。伏旱发生时期，正是玉米由以营养生长为主向生殖生长过渡并结束过渡的时期，叶面积指数和叶片蒸腾均达到其一生中的最高值，生殖生长和体内新陈代谢旺盛，同时进入开花、授粉阶段，为玉米需水的临界期和产量形成的关键需水期，对产量影响极大。玉米遭受伏旱灾害后植株矮化，叶片由下而上干枯。防止玉米伏旱可从以下8个方面提前做好准备。

(一) 科学施肥

增施有机肥、深松改土、培肥地力，提高土壤缓冲能力和抗旱能力。

(二) 及时灌水

适时灌水可改善田间小气候，降低株间温度1~2℃，增加相对湿度，有效地削弱高温干旱对作物的直接伤害。在有灌溉条件的田块，采取一切措施，集中有限水源，浇水保苗，推广喷灌、

滴灌、垄灌、隔垄交替灌等节水灌溉技术；水源不足的地方采取输水管或水袋灌溉，扩大浇灌面积，减轻干旱损失。

（三）加强田间管理

有灌溉条件的田块，在灌溉后采取浅中耕，切断土壤表层毛细管，减少蒸发；无灌溉条件的等雨蓄水，可以采取中耕锄、高培土的措施，减少土壤水分蒸发，增加土壤蓄水量，起到保墒的作用。

（四）根外喷肥

用尿素、磷酸二氢钾水溶液及过磷酸钙、草木灰过滤浸出液在玉米大喇叭口期、抽穗期、灌浆期连续进行多次喷雾，增加植株穗部水分，降温增湿，为叶片提供必需的水分及养分，提高籽粒饱满度。

（五）辅助授粉

在高温干旱期间，花粉自然散粉、传粉能力下降。可采用竹竿赶粉或采粉涂抹等人工辅助授粉法，增加落在柱头上的花粉量和选择授粉受精的机会，减少高温对结实率的影响。一般可使结实率增加5%~8%。

（六）防治病虫害

做好虫害的监测，及时发布预警信息，提供防治对策，如统一调配杀螨类农药，集中连片化学防治玉米红蜘蛛。

（七）应用玉米抗旱增产剂

施用有机活性液肥或微生物有机肥，用量和方法严格按照产品说明书要求进行；也可喷洒植物增产调节剂等。

（八）及时青贮，发展畜牧业，实现“种灾牧补”

干旱绝产的地块，如玉米叶片青绿，可及时进行青贮。建造青贮窖，利用青贮饲料，增加畜牧业饲养量，促进畜牧业的发展。

重灾区、绝收区及时割黄腾地，发展保护地栽培或种植蔬菜、小杂粮等短季作物。力争当年投产，当年收益，弥补旱灾损失。

三、玉米秋旱应对技术

秋旱又称秋吊，是指在大田作物籽粒灌浆阶段发生的干旱，8月中旬至9月上旬，降水量小于60毫米或其中连续两旬降水量小于20毫米可作为秋旱指标。这个时期水分供应不足，影响灌浆，降低百粒重，直接影响农作物的产量和质量。应加强以下管理措施。

（一）灌好抽雄灌浆水

抽雄后是决定玉米粒数、粒重的关键时期，保证充足的水分，对促进籽粒形成、提高绿叶的光合能力、增生支持根、预防玉米倒伏都具有明显的作用。饱灌抽雄灌浆水，以满足花粒期玉米对水分的需求，提高结实率，促进养分运转，使穗大、粒饱、产量高。

（二）根外追肥

叶面喷施含腐植酸类的抗旱剂，或者用磷酸二氢钾水溶液进行叶面施肥，给叶片提供必需的水分及养分，可提高籽粒饱满度。

（三）防治虫害

注意防治红蜘蛛、叶蝉、蚜虫等干旱条件下易发生的害虫。

第二节　玉米强风灾害应对技术

一、玉米强风灾害的预防

强风灾害是指强风对农业生产造成的直接和间接危害。直接

危害主要指造成的土壤风蚀沙化、对作物的机械损伤和生理危害，同时也影响农事活动或破坏农业生产设施。间接危害指传播疾病和扩散污染物质等。

（一）选用抗倒伏良种

玉米品种间遇风抗倒伏能力差异显著。生产中应选用株型紧凑、穗位或植株重心较低、茎秆组织较致密、韧性强、根系发达、抗风能力强的品种，特别是在风灾发生严重的地区。此外，抗倒伏品种与易倒伏品种间作也是有效的措施。

（二）促健栽培，培育壮苗

促健栽培是提高玉米抵御风灾能力的重要措施。一是适当深耕，打破犁底层，促进根系下扎。二是增施有机肥和磷、钾肥，切忌偏肥，尤其是不能偏施速效氮肥，避免拔节期追施氮肥。三是合理密植、大小行种植。四是应适时早播，注意早管，特别是在高肥水地块苗期应注意蹲苗，结合中耕促进根系发育，培育壮苗。五是中后期结合追肥进行中耕培土，可在玉米拔节期，结合中耕、施肥，进行培土。六是做好玉米螟等病虫的防治工作。茎秆、穗轴受玉米螟蛀食，养分、水分的运输受破坏，也会出现红叶和茎折。七是人工去雄。

（三）适当调整玉米种植行向

在风灾较为严重的地区应注意调整行向。由于玉米的株距一般约为行距的 1/2 或 1/3，行间的气流疏导能力远大于株间，当平行于行间的气流来临时，由于株距较小，可以从后面植株获取一定的支撑力，抗风力就有所加强；反之，当气流与行向垂直时就会使风灾的危害加重。在对抗风灾时，还可以将迎风面玉米 2~3 株在穗位部捆扎在一起，使其形成一个三角形，从而增强抗风能力。

（四）化学调控栽培

在玉米抽雄期以前，采取化学控制措施可增强玉米的抗倒伏能力。目前生产上利用的调节剂主要有40%羟烯·乙烯利水剂（玉米健壮素）、维他灵、30%芸苔·乙烯利水剂（壮丰灵）、30%胺鲜·乙烯利水剂（玉黄金），乙矮合剂：乙烯利·矮壮素（金得乐）和矮壮素等，可以抑制玉米顶端优势，延缓或抑制植株节间伸长，促进根系发育，降低植株高度，提高抗倒伏能力。化学调控药剂的使用时期、浓度及喷施方式等一定要严格按照产品说明书要求进行，否则很容易出现药害。

（五）植株造林，构建防风林带

在风灾严重地区，应将植树造林、构建防风林带与玉米抗风栽培技术有机结合起来。据测定，防风带的保护范围是其株高的20倍左右，如果在风灾严重地区适当规划，种植防风林带，不仅可以美化环境，而且可以大幅减轻风灾的影响。

二、玉米强风灾害后的补救措施

风灾发生后，及时采取补救措施，恢复生长，减少损失。特别是在8月发生台风，北方的玉米多处于授粉灌浆期，台风易造成受淹、倒伏或茎折断等，影响灌浆，使茎基腐病、叶斑病等病害加速侵染，增加防控难度。

（一）加强分类管理

1. 及时培土扶正

在玉米拔节期至成熟期，由于强风暴雨的侵袭，致使玉米倒伏、茎折，若不及时采取措施，因植株互相倒压，严重影响光合作用，使产量损失很大。一般在苗期和拔节期遇风倒伏，植株能够正常恢复直立与生长；在小喇叭口期若遭遇强风暴雨危害，只要倒伏程度不超过45°，经过5~7天后，也可自然恢复生长。若在大喇叭口期后遇风灾发生倒伏，植株已失去恢复直立生长的能力，应当人工扶起并培土固牢。若未及时采取措施，地上节根侧

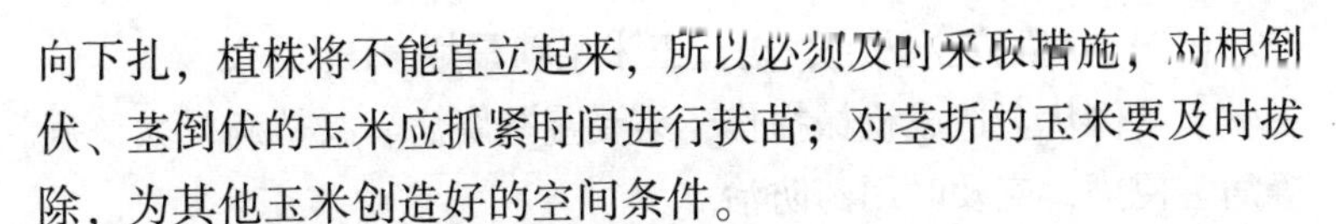

向下扎，植株将不能直立起来，所以必须及时采取措施，对根倒伏、茎倒伏的玉米应抓紧时间进行扶苗；对茎折的玉米要及时拔除，为其他玉米创造好的空间条件。

2. 严重倒伏，可多株捆扎

在花粒期，培土扶正难度大，效果也不明显。因此，需采取多株捆扎的方法。具体做法：将邻近 3~4 株玉米，顺势扶起，用植株相互支撑，免受倒压、堆沤，以减轻危害，有利于灌浆成熟，减少产量损失。

3. 茎折玉米处理

乳熟中期以前茎折严重的地块，可将玉米植株割除作青贮饲料。乳熟后期倒伏，可将果穗作为鲜食玉米销售，秸秆作为青贮饲料销售，最大限度地减少损失。蜡熟期倒伏，应加强田间管理，防治病虫害，待成熟收获。尽快将折断植株从田间清除，以免腐烂后影响植株从田间清除，影响正常植株生长，同时因地制宜地补种生育期较短的其他作物。

(二) 加强管理，促进生长

玉米遭受风灾的同时，常遭受涝害，受灾后务必加强田间管理，尽快恢复生长是提高光合效能的重要措施之一。因此，灾害后有积水的玉米田块应尽快排水，在晴天墒情适合后，加大后期管理措施，如及时扶直植株、培土、中耕、破除板结，改善土壤通透性，使植株根系尽早恢复正常的生理活动。

根据受灾程度，还可增施速效氮肥，加速植株生长能力。处于生育前期的玉米，强降水和洪涝过后，土壤肥力易被雨水带走，可趁雨后放晴及时追施尿素和磷酸二氢钾，连续施 2 次，每次间隔 7 天，促进植株恢复生长。

进入成熟期的倒伏玉米应及时收获，减少穗粒霉烂，避免玉米品质受到影响。

（三）加强病虫防治，防止玉米果穗霉烂

玉米倒伏会造成机械损伤，易受茎基腐病、纹枯病、大斑病等病害侵染，应及时用药防治。

（四）掌握气温变化，监测霜冻情况

防冷害地区如东北玉米产区，还应加强与气象部门的联系，及时掌握气温变化和霜冻实时监测情况，关注早霜预警信息。有条件的玉米田块可在霜冻出现前 2 天进行灌溉，增加土壤水分，提高地温，减轻低温霜冻危害。一旦发生早霜，迅速开展人工熏烟防霜，降低早霜不利影响，同时适当延长生长时间，提高玉米产量和品质。

第三节　玉米洪涝灾害应对技术

一、玉米洪涝灾害的预防

玉米对土壤空气非常敏感，是需要土壤通气性好、空气容量多的作物。玉米最适土壤空气容量约为 30%，而小麦仅为 15%~20%，所以，玉米是需水量大但又不耐涝的作物。土壤湿度在田间持水量的 80%以上时，玉米就发育不良，尤其在玉米苗期表现得更为明显。玉米渍涝灾害，特别是在西南和南方丘陵区，是影响玉米产量提升的重要限制因素。其主要应对措施包括以下 4 点。

（一）选用耐涝、抗涝品种

不同品种耐涝性显著不同。耐涝性强的品种，根系一般具有较发达的组织气腔，淹水后乙醇含量低，近地面根系发达。因此，可以选择耐涝性强的品种。

（二）调整播期，适期播种

播种期应尽量避开当地雨涝汛期。玉米苗期最怕涝，拔节后抗涝能力逐步增强。因此，可调整播期，使最怕涝的生育阶段错开多雨易涝季节。

（三）浸种处理

春玉米在播种时遭遇连续阴雨天气容易出现烂种，降低发芽率。要在种植前进行浸种处理，方法是在种植前，将玉米种子拌于1 500倍螯合肥、5 000倍芸苔素内酯混合液中浸泡5~6小时，使种子充分吸湿膨胀，捞起后，沥干水分，再用1 000倍高锰酸钾水溶液清洗种子，除去种子表面的各种病菌，然后种植。

（四）排水降渍，垄作栽培

涝害主要是地下水过高和耕层水分过多造成的。因此，防御涝害应因地制宜地搞好农田排灌设施。低洼易涝地及内涝田应疏通田头沟、围沟和腰沟，及时排除田间积水。有条件的可根据地形条件在田间、地头挖设蓄水池，将多余淹涝水排入蓄水池内贮存，作为干旱时的灌溉用水。要尽量避免玉米在低洼易涝、土质黏重和地下水位偏高的地块种植，应尽量选择地势高的地块种植玉米。在低洼易涝地区，通过农田挖沟起垄或做成“台田”，在垄台上种植玉米，可减轻涝害。玉米前期怕涝，高产夏玉米应及时排涝，淹水时间不应超过0.5天；生长后期对涝渍敏感性降低，但淹水时间不应超过1天。

二、玉米洪涝灾害后的补救措施

（一）科学扶苗

玉米苗倒伏度在30°以下的田块，应将玉米向倒伏反方向轻轻扶起，并在反方向用脚踩踏玉米根部土壤。倒伏度在60°以上的田块，因玉米本身具有调节能力，可以自然恢复。倒伏度为

30°~60°的田块，扶苗培土，促进玉米支持根产生。

（二）及时排水

一旦发现田间积水，及早开深沟引水出田。

（三）中耕松土和培土

降水后地面泛白时要及时中耕松土，破除土壤板结，促进土壤散墒透气，改善根际环境。增施钾肥，拔除弱株以改善群体结构，提高植株抗倒伏能力。

（四）中耕除草

涝渍害过后土壤易板结，通透性降低，影响玉米根系的呼吸作用及其对营养物质的吸收。降水后地面泛白时要及时中耕松土，或起垄散墒，破除土壤板结，改善根际环境，促进根系生长。清除田间杂草。

（五）及时追肥

玉米受涝后，一方面土壤耕层速效养分随水大量流失；另一方面玉米根茎叶受伤，根系吸收功能下降，植株由壮变弱。因此，要及时补施一定量的速效化肥，促进玉米恢复生长，促弱转壮。

1. 根外追肥

根外追肥，肥效快，肥料利用率高，是玉米应急供肥的有效措施。田间积水排出后，应及时喷施叶面肥，保证玉米在根系吸收功能尚未恢复时对养分的需求，促进玉米尽快恢复生长。玉米田每亩用0.2%~0.3%的磷酸二氢钾+1%的尿素水溶液45~60千克，进行叶面喷雾，每7~10天喷1次，连喷2~3次。

2. 根部补施化肥

植株根系吸收功能恢复后，再进行根部施肥。处于抽穗扬花期以前的玉米地块，每亩补施高浓度复合肥20~25千克，并于大喇叭口期或抽穗扬花期每亩补施尿素7.5~10.0千克，促进

玉米恢复健壮。

(六) 加强病虫害防治

涝后易发生各种病虫害，如黏虫、玉米螟、蚜虫等虫害和褐斑病、大斑病、锈病等病害。喷施叶面肥时，可同时进行病虫害的防治。

(七) 促进早熟

涝灾发生后，玉米生育期往往推迟，易遭受低温冷害威胁。必须进行人工促熟。生产上常用的促熟方法有以下 3 种。

1. 施肥法

在玉米吐丝期，每亩用硝酸铵 10 千克开沟追施，或者用 0.2%~0.3%的磷酸二氢钾溶液（或 3%的过磷酸钙浸出液）叶面喷施。如果吐丝期已经推迟，可通过隔行去雄减少养分消耗，提高叶温，加速生育进程。

2. 晒棒法

在玉米灌浆后期、籽粒达到正常大小时，将苞叶剥开，使籽粒外露，促其脱水干燥和成熟。

3. 晾晒法

如果小麦播期已到，但玉米仍未充分成熟，可将玉米连秆砍下，码在田边或其他空闲处（注意不要堆大堆），待叶片干枯后再掰下果穗干燥脱粒。另外，在玉米灌浆期，用锄（或犁）在垄的两侧锄（或犁）1 遍。

(八) 搞好人工辅助授粉

对处于抽雄授粉阶段的玉米，遇长期阴雨天气，应采取人工授粉方法促进玉米授粉。否则，玉米将因不能正常结实而出现大面积空秆。

(九) 重视适期晚收

一般地块应在 9 月底至 10 月初收获，播种较晚地块和生育期偏长品种的地块应在 10 月 10 日前后收获。

第四节　玉米倒伏灾害应对技术

一、玉米倒伏的预防

（一）种植优良品种

玉米品种选择不能一味注重产量，还要考虑到当地的土壤、气候等环境问题，在易发生倒伏现象的地方选择抗倒伏的玉米品种。目前市面上常见的抗倒伏品种有彩甜糯三号、中科香甜糯 918、黑甜糯 28、郑单 14 号、郑单 17 号、安玉 8 号等。

（二）合理施肥和灌溉

田间施肥的重点是施肥配比合理。喷施叶面肥时一定要按说明书进行配制，且施肥时一定不能全部喷洒，只喷洒玉米叶面即可。选择晴朗无风的天气施肥，尽量选择在下午施肥。如果施肥后 6 小时内下雨，必须重新补施，此时的施肥量是晴朗天气时的 50%。在施钾肥时，尽量在玉米出苗后施。不仅要施化学肥料，还要施农家肥，相较于化学肥料，农家肥更加安全无副作用。施肥时，应考虑当地土壤的实际情况，真正做到因地施肥。植株根部不可施过多的肥料，通常距离植株根部约 7 厘米，防止植株被烧死。不仅施肥要合理，灌溉也要合理。在灌溉时候要考虑天气因素，遇到雨水多的季节少浇水，遇到干旱的季节多浇水，且浇水时间不宜过长，防止玉米植株的根部长时间泡水而导致其坏死。

（三）合理种植密度

玉米抽雄后生长高度达到饱和状态，即玉米茎秆长度不会再发生变化，但此时茎秆抵抗自然灾害的能力相对来说还较弱，容

易发生倒伏。应严格按照所选择品种的种植说明书进行合理种植，不能随意提高或降低其种植密度；种植密度过高，会导致田间玉米植株相互遮挡阳光，通风性较差，影响玉米产量。所以，调整种植距离，保证其能够通风向阳，这样才能为玉米生长创造良好的环境，有效避免倒伏现象。

（四）及时防治病虫害

从播种一直到玉米成熟，病虫害对玉米的影响非常大，如玉米小斑病、玉米大斑病等，在刚发病时是最佳的控制时期，此时只需要向玉米植株喷洒相应防治药剂即可有效防治。在植株发生病虫为害的初期，可喷施50%多菌灵可湿性粉剂500倍液或75%百菌清可湿性粉剂300倍液，每7天喷洒1次，连续喷施2~3次。

（五）人工去雄

人工去雄是一项杂交技术，能有效降低玉米植株高度。实施起来相对麻烦，需要手工操作。玉米植株每3行选择1行进行人工授粉，以此降低玉米发生倒伏的概率。

二、玉米倒伏后的补救措施

（一）叶面喷肥、补充营养

玉米倒伏后，应在第一时间喷洒速效叶面肥以补充营养。可在天气晴朗时，喷施磷酸二氢钾溶液和尿素，每周1次，连续喷施2~3次，以促使玉米尽快成熟。

（二）补肥

倒伏后的玉米因为光合作用减弱，生理功能紊乱，对其生长发育产生极大影响。对于只追1次肥的田块，可重新追肥。如首次追肥没有施用磷、钾肥，应以磷、钾肥为核心，施氯化钾与磷酸二铵各5千克/亩，首次追肥已经施加磷、钾肥的，应根据倒伏程度，施尿素 10 千克/亩，以提高玉米产量。

（三）病虫害防治

玉米倒伏后更易出现病虫害，如受到茎腐病、小斑病、大斑病以及玉米螟的为害，需要在第一时间药物防治。可喷施 50%多菌灵可湿性粉剂 500 倍液或 70%甲基硫菌灵可湿性粉剂 800 倍液，隔 1 周再喷 1 次。要实时追肥促进玉米及时恢复和生长，一般喷施 0. 20%～0. 35%的磷酸二氢钾溶液或追施尿素 5～10 千克/亩。

第七章　玉米机械化收获

第一节　玉米收获时期的确定

一、玉米成熟期的划分

根据籽粒发育特点，玉米成熟期可分为乳熟期、蜡熟期和完熟期 3 个阶段。

（一）乳熟期

乳熟期是玉米籽粒形成的一个阶段，籽粒内的胚乳呈乳白色的糊状，故称为乳熟期。一般中熟品种需要 20 天左右，即从授粉后 16 天开始到 35~36 天结束；中晚熟品种需要 22 天左右，即从授粉后 18~19 天开始到 40 天前后结束；晚熟品种需要 24 天左右，即从授粉后 24 天开始到 45 天前后结束。乳熟期各种营养物质迅速积累，籽粒干物质形成总量占最大干物重的 70%~80%，体积接近最大值，籽粒水分含量为 70%~80%。乳熟期最显著的特征就是籽粒用指甲刺破后有乳白色的浆糊状液体流出。

（二）蜡熟期

蜡熟期是玉米籽粒内物质积累的过程，籽粒内含物由糊状转为蜡状，故称为蜡熟期。一般中熟品种需要 15 天左右，即从授粉后 36~37 天开始到 51~52 天结束；中晚熟品种需要 16~17 天，即从授粉后 40 天开始到 56~57 天结束；晚熟品种需要 18~19

天，即从授粉后45天开始到63~64天结束。此期干物质积累量少，干物质总量和体积已达到或接近最大值，籽粒水分含量下降到50%~60%。蜡熟期最显著的特征就是用指甲掐开籽粒时，籽粒内的胚乳呈白色的蜡质，苞叶变黄。

（三）完熟期

完熟期籽粒干物质积累已停止，主要是脱水过程，籽粒水分含量降到30%~40%，籽粒呈现本品种固有的光泽和颜色，籽粒基部（下方）出现黑色层。完熟期最显著的特征就是籽粒变硬，用手掐不能掐动，苞叶和下部叶片干枯。

二、玉米最佳收获期

完熟期是玉米的最佳收获期。玉米是否进入完熟期，可从外观特征上观察：植株的中下部叶片变黄，基部叶片干枯，果穗苞叶呈黄白色且松散，籽粒变硬，并呈现本品种固有的色泽。

（一）观察果穗、查看乳线位置

籽粒脱水变硬，乳线消失。玉米籽粒顶部冠层物质固化后与下面乳汁状物质间有条明显的分界线，这就是乳线。乳线随着干物质积累不断向籽粒的尖端移动，直到最后消失。乳线消失时玉米才真正成熟。这就是最佳的收获期。

（二）查看籽粒基部

籽粒基部（胚下端）出现黑帽层，并能容易剥离穗轴。因为黑层的出现是个连续的过程，颜色从灰色到棕色再变为黑色大约需要2周的时间，因此不易掌握。

（三）查看绿叶片数量

一般来说，当果穗苞叶枯黄，植株中上部仍有7~8片绿叶时收获，为成熟时粒重的92.9%；当果穗苞叶枯黄，植株还有5片左右绿叶时收获，为成熟时粒重的98.8%；果穗苞叶变黄而松

散。当玉米的茎叶开始枯黄、雌穗苞叶由绿色变为黄白色、籽粒变硬而有光泽，植株只有 1～2 片绿叶时收获，百粒重最高，此时收获最为合适。

三、玉米收获期注意事项

在不影响下茬作物的情况下，玉米提倡适时晚收。玉米晚收延长了玉米的生育时间，充分利用昼夜温差大，光照充足的光热资源合成营养物质。玉米晚收不仅增产，而且能够提高籽粒品质。由于玉米籽粒生长在穗轴上，不易脱落。无论是人工收获，还是机械收获，玉米收获的最佳时间都是在玉米的完熟期，收获时间也可以根据玉米授粉的时间来推算。

一般在授粉后 45～50 天，籽粒乳线开始消失，果穗苞叶枯黄并松动，植株绿叶不超过 5 片时，就可以开始收获了，此时收获，不但玉米含水量最低，方便晾晒，而且产量也最高。据测算，在玉米完熟期收获，比在蜡熟期收获可增产 10%以上。

第二节　玉米收获机机型

我国玉米收获机主要机型有背负式和自走式，两种机型只是动力来源形式不同，工作原理相同。自走式玉米收获机自带动力，工作效率高、作业效果好，使用和保养方便，但其用途专一、价格昂贵，投资回收期较长。背负式玉米收获机需要与拖拉机配套使用，价格低廉，可充分利用现有拖拉机，一次性投资相对较少，但操控性及专业化程度不及自走式。目前，生产中多为自走式玉米收获机，主要有穗收式玉米收获机、籽粒型玉米收获机、穗茎兼收玉米收获机等种类。

一、穗收式玉米收获机

穗收式玉米收获机采用无链式玉米分禾、摘穗与茎秆切碎装置，主要工作原理是采用无链式玉米分禾、摘穗板、拉茎辊结构和立轴式甩刀，先切割后摘穗，提高玉米收获机的行距适应性。穗收式玉米收获机有较好的强度和较高的使用可靠性，极大地节约了收获时间和收获成本。

二、籽粒型玉米收获机

籽粒型玉米收获机可一次性完成玉米的摘穗、输送、脱粒、分离、清选、集箱、秸秆还田等作业。整机配置为自走式。籽粒型玉米收获机省去了穗收式玉米收获机中对玉米穗的二次运输、二次晾晒等环节，提升了工作效率，减少了用工数量，减少了费用，降低了成本，也更符合玉米全程机械化的发展方向。

三、穗茎兼收玉米收获机

穗茎兼收玉米收获机是在传统玉米果穗收获机的基础上增加了玉米秸秆的回收、切碎功能，属于功能复合型收获类机器。穗茎兼收玉米收获机可一次性完成摘穗、剥除苞叶、果穗收集并装车、秸秆切碎回收等作业。割台位于机器的前方，用以摘穗和粉碎玉米秸秆，采用玉米植株切碎再摘穗的方式，可实现不对行收获。前置秸秆切碎，摘穗后秸秆直接进入切碎滚筒切碎，切碎均匀。180°旋转秸秆抛送筒，可方便地将切碎秸秆抛入伴随车辆。配有自备高位侧翻秸秆箱、果穗箱，作业方便、高效。结构设计紧凑、运转灵活、操作方便。

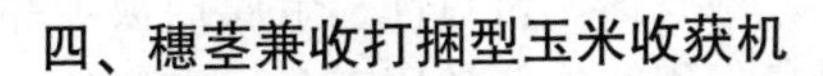

四、穗茎兼收打捆型玉米收获机

穗茎兼收打捆型玉米收获机首创了独立可调的双层割台结构，上层割台收获果穗，下层割台收获茎秆；宽口拨轮与拨禾链组合式喂入机构，大大提高了对我国玉米种植模式的适应性，增强了喂入能力，基本实现了玉米的不对行收获；采用新型低损摘穗机构，降低了前期断茎和籽粒损失，提高了摘穗质量。

第三节　玉米机械化收获减损技术

一、作业前机具准备

玉米联合收获机作业前要做好充分的保养与调试工作，使机具达到最佳工作状态，预防和减少作业故障的发生，提高收获质量和效率。

（一）机具检查

作业季节前要依据产品使用说明书对玉米收获机进行一次全面检查与保养，确保机具在整个收获期能正常工作。经重新拆装、保养或修理后的玉米收获机要认真做好试运转，仔细检查行走、转向、割台、输送、剥皮、脱粒、清选、卸粮等机构的运转、传动、间隙等情况。作业前，要检查各操纵装置功能是否正常；检查各部位轴承及轴上高速转动件（如茎秆切碎装置、中间轴）安装情况；离合器、制动踏板自由行程是否适当；燃油、发动机机油、润滑油、冷却液是否适量；仪表盘各指示是否正常；轮胎气压是否正常；V 型带、链条、张紧轮等是否松动或损伤，运动是否灵活可靠；检查和调整各传动皮带的张紧度，防止作业时皮带打滑；重要部位螺栓、螺母有无松动；有无漏水、渗油等

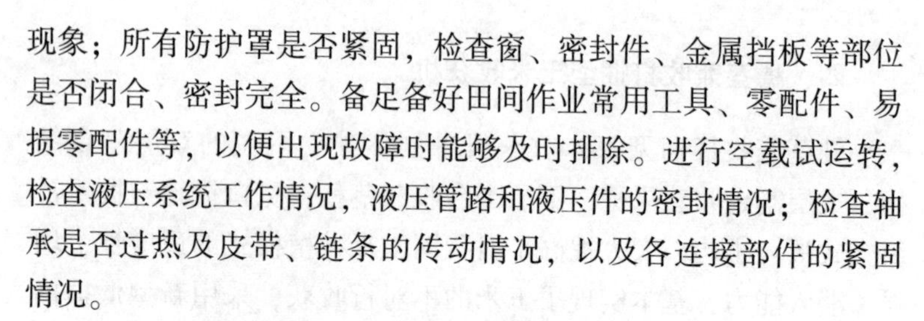

现象；所有防护罩是否紧固，检查窗、密封件、金属挡板等部位是否闭合、密封完全。备足备好田间作业常用工具、零配件、易损零配件等，以便出现故障时能够及时排除。进行空载试运转，检查液压系统工作情况，液压管路和液压件的密封情况；检查轴承是否过热及皮带、链条的传动情况，以及各连接部件的紧固情况。

（二）试收

正式收获前，选择有代表性的地块进行试收，对机器调试后的技术状态进行一次全面的现场检查，根据实际的作业效果和农户要求进行必要调整。首先应根据种植行距选择匹配的收获机割台，种植行距与割台割行中心之间的差别在±5 厘米以内（宽幅多行收获时应保证种植行距与割行中心距差别在±3 厘米以内），超过此限则应更换割台适宜的收获机。收获机进入田间后，接合动力挡，使机器缓慢运转。确认无异常后，将割台液压操纵手柄下压，降落割台到合适位置（使摘穗板或摘穗辊前部位于玉米结穗位下部 30~50 厘米处），对准玉米行正中，缓慢结合主离合，使各机构运转，若无异常方可使发动机转速提升至额定转速；待各机构运转平稳后，再挂低速挡前进。首先应采用收获机使用说明书推荐的参数设置进行试收，采取正常作业速度试收 30 米左右停机，并倒车至起始位置，检查各位置果穗、籽粒损失、破碎、含杂等情况，确认有无漏割、堵塞等异常情况。

检查损失时，应明确损失类型和发生原因。损失区域由籽粒（果穗）相对于联合收获机的位置而定。收获时损失一般包括收获前损失、收获损失。收获损失一般又分为割台损失、脱粒损失、清选损失、苞叶夹带籽粒损失等。应明确收获损失的种类，然后进行针对性调整。收获前损失一般由天气、病虫害或其他不利因素造成，这部分损失需要通过品种、田间管理等进行调控。

为了减少机械收获损失，应对摘穗辊（或拉茎辊、摘穗板）、输送、剥皮、脱粒、清选等机构视情况进行必要调整。调整后再进行试收检测，直至达到质量标准为止。试收过程中，应注意观察、倾听机器工作状况，发现异常及时排除。

二、确定收获方式

（一）果穗收获

对种植中晚熟品种和晚播晚熟的地块，玉米籽粒含水量一般在25%以上时，应采取机械摘穗、晒场晾棒或整穗烘干的收获方式，待果穗籽粒含水量降至25%以下或东北地区白天室外气温降至-10℃时，再用机械脱粒。

（二）籽粒直收

对种植早熟品种的地块，当籽粒含水量降至25%以下时，可利用玉米籽粒联合收获机直接进行脱粒收获，减少晾晒再脱粒成本。

三、机收作业质量要求

机收作业时应严格按表7-1中作业质量标准执行。

表7-1　玉米收获机作业质量标准

项目	果穗收获	籽粒直收
总损失率/%	≤3.5	≤4.0
籽粒破碎率/%	≤0.8	≤5.0
苞叶剥净率/%	≥85	—
含杂率/%	≤1.0	≤2.5
茎秆切碎合格率/%	≥90	
污染情况	收获作业后无油料泄漏造成的粮食和土地污染	

四、减少收获损失的措施

（一）检查作业田块

玉米收获机在进入地块收获前，必须先了解地块的基本情况，包括玉米品种、种植行距、密度、成熟度、产量水平、最低结穗高度、果穗下垂及茎秆倒伏情况，是否需要人工开道、清理地头、摘除倒伏玉米等，以便提前制订作业计划。对地块中的沟渠、田埂、通道等予以平整，并将地里水井、电杆拉线、树桩等不明显障碍进行标记，以利于安全作业。根据地块大小、形状，选择进地和行走路线，以利于运输车装车，尽量减少机车的进地次数。

（二）选择作业行走路线

收获机作业时保持直线行驶，避免紧急转向。在具体作业时，机手应根据地块实际情况灵活选用。转弯时应停止收割，采用倒车法转弯或兜圈法直角转弯，不要边收边转弯，以防分禾器、行走轮等压倒未收获的玉米，造成漏割损失，甚至损毁机器。选择正确的收获作业方向，应尽量避免横向收割，特别是在垄较高的田块，横向收割会造成机器大幅度颠簸，进而加大收割损失，甚至造成机具故障。

（三）选择作业速度

每种型号收获机的喂入量是有一定限度的，应根据玉米收获机自身喂入量、玉米产量、植株密度、自然高度、干湿程度等因素选择合理的作业速度。应保证前进速度与拉茎辊转速、拨禾链速度同步，避免不同步造成的割台落穗损失。通常情况下，开始时先用低速收获，然后适当提高作业速度，最后采用正常作业速度进行收获，严禁为追求效率单方面提升前进速度。收获中注意观察摘穗机构、剥皮机构等是否有堵塞情况。当玉米稠密、植株大、产量高、行距宽窄不一（行距不规则）、地形起伏不定、早晚及雨后作物湿度大时，应适当降低作业速度；低速行驶时，不能降低发动机转速。晴天的中午前后，秸秆干燥，收获机前进速度可选择快一些。严禁用行走挡进行收获作业。

（四）调整作业幅宽或收获行数

在负荷允许、收割机技术状态完好的情况下，控制好作业速度，尽量满幅或接近满幅工作，保证作物喂入均匀，防止喂入量过大，影响收获质量，增加损失率、破碎率。当玉米行距宽窄不一，可不必满割幅作业，避免剐蹭相邻行茎秆，导致植株倒折及果穗掉落，增加损失。

（五）保持合适的留茬高度

留茬高度应根据玉米的高度和地块的平整情况而定，一般留茬高度要小于 8 厘米，也可高留茬 30～40 厘米，后期再进行秸秆处理。还田机作业时，既要保证秸秆粉碎质量，又应避免还田刀具太低打土，造成损坏。采用保护性耕作技术种植的玉米，收获时留茬高度尽可能控制在 15～25 厘米，以利于根茬固土，形成“风墙”，起到防风、降低地表风速和阻挡秸秆堆积的作用。如安装灭茬机，应确保灭茬刀具的入土深度，使灭茬深度一致，以保证作业质量。定期检查切割粉碎质量和留茬高度，根据情况随时调整。

（六）调整摘穗辊式摘穗机构工作参数

对于摘穗辊式的摘穗机构，收获损失略大，籽粒破碎率偏高，尤其是在转速过低时，果穗与摘穗辊的接触时间较长，玉米果穗被啃伤的概率增加；摘穗辊转速较高时，果穗与摘穗辊的碰撞较为剧烈，玉米果穗被啃伤、落粒的概率增加；因此应合理选择摘穗辊转速，达到有效降低籽粒破碎率、减少籽粒损失的目的。当摘穗辊的间隙过小时，碾压和断茎秆的情况比较严重，而

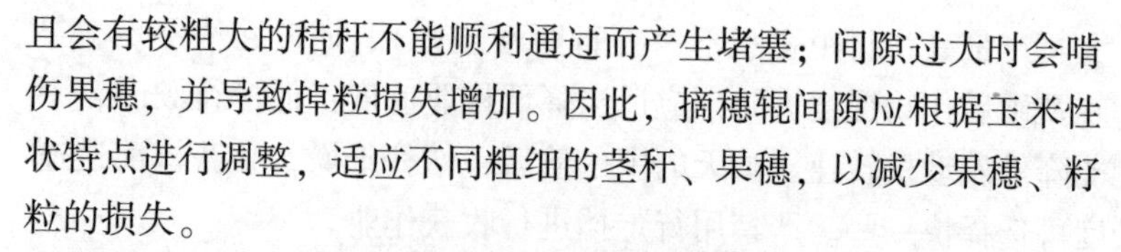

且会有较粗大的秸秆不能顺利通过而产生堵塞；间隙过大时会啃伤果穗，并导致掉粒损失增加。因此，摘穗辊间隙应根据玉米性状特点进行调整，适应不同粗细的茎秆、果穗，以减少果穗、籽粒的损失。

（七）调整拉茎辊与摘穗板组合式摘穗机构工作参数

2个拉茎辊之间及2块摘穗板之间的间隙正确与否对减少损失、防止堵塞有很大影响，必须根据玉米品种、果穗大小、茎秆粗细等情况及时进行调整。

拉茎辊间隙调整：拉茎辊间隙是指一个拉茎辊凸筋与另一个拉茎辊凹面外圆之间的间隙，一般取10～17毫米。当茎秆粗、植株密度大、作物含水量高时，间隙应适当大些，反之间隙应小些。间隙过大时拉茎不充分，易堵塞，果穗损失增加；间隙过小，造成咬断茎秆情况严重。

摘穗板工作间隙调整：间隙过小，会使大量的玉米叶、茎秆碎段混入玉米果穗中，含杂较大；间隙过大，会造成果穗损伤、籽粒损失增加。应根据玉米性状特点找到理想的摘穗板工作间隙。

（八）调整剥皮装置

对摘穗剥皮型玉米收获，要调整压送器与剥皮辊间距。间距过小时，玉米果穗与剥皮辊的摩擦力大、剥净率高，但果穗易堵塞，果穗损伤率、落粒率均高。剥皮辊倾角一般取10°～12°，倾角过小果穗作用时间长，损伤率、落粒率均高。

（九）调整脱粒、清选等工作部件

玉米籽粒直收时，建议采用纵轴流脱粒滚筒配合圆杆式凹板结构降低籽粒破碎。脱粒滚筒的转速、脱粒间隙和输送叶片角度是影响玉米脱净率、破碎率的重要因素。在保证破碎率不超标的前提下，可通过适当提高脱粒滚筒的转速、减小滚筒与凹板之间

的间隙、正确调整入口与出口间隙之比等措施，提高脱净率，减少脱粒损失和破碎。

清选损失和含杂率是对立的，调整中要统筹考虑。在保证含杂率不超标的前提下，可通过适当减小风扇风量、调大筛子的开度及提高尾筛位置等，减少清选损失。作业中要经常检查逐稿器机箱内的秸秆堵塞情况，及时清理。轴流滚筒可适当减小喂入量和提高滚筒转速，以减少分离损失。

（十）收割过熟玉米

玉米过度成熟时，茎秆过干易折断、果穗易脱落，脱粒后碎茎秆增加易引起分离困难，收获时应适当降低前进速度，适当调整清选筛开度，也可安排在早晨或傍晚茎秆韧性较大时收割。

（十一）收割倒伏玉米

1. 适宜机具选择

收获倒伏玉米宜选用割台长度长、倾角小、分禾器尖、能够贴地作业的玉米收获机。对于有积水或土壤湿度大的地块，宜选用履带式收获机，防止陷车。

2. 做好机具调试改装

适当调整或改装辊式分禾器、链式辅助喂入和拨指式喂入等装置，提高倒伏作物喂入的流畅性；针对籽粒收获机，应调整滚筒转速和凹板间隙等，避免过度揉搓，减少高水分籽粒破损。

3. 合理确定作业方式

对于倒伏方向与种植行平行的玉米植株宜采取逆向对行收获方式，并空转返回，有利于扶起倒伏玉米进行收割；对于倒伏方向不一致的玉米植株宜采取往复对行收获作业方式。作业时收获机分禾器前部应在垄沟内贴近地面，并断开秸秆还田装置动力或将该装置提升至最高位置，防止漏收玉米果穗被打碎，方便人工捡拾，减少收获损失。收获作业时应适当降低收获速度确保正常作业性能，及时清理割台，防止倒伏玉米植株不规则喂入等原因造成的堵塞，影响作业效果，加大作业损失。

（十二）坡地收获

采用螺旋式分禾器，或者安装分离装置格栅盖来改善分离效果，提高机器在坡地上的作业性能。使用割台时，在不漏割矮穗的前提下，尽可能提高作物的切割高度。

（十三）规范作业操作

驾驶员应随时观察收获机作业状况，避免发生分禾器/摘穗机构碰撞硬物、漏收、喂入量过大、还田机锤爪打土等异常现象。作业过程中不得随意停车，若需停车时，应先停止前进，让收获机继续运转 30 秒左右，然后再切断动力，以减少再次启动时发生果穗断裂和籽粒破碎的现象。

参考文献

杜震宇，高天树，2017. 玉米栽培技术［M］. 北京：中国农业出版社.

高广金，秦慧豹，董新国，2009. 鲜食玉米栽培与加工技术［M］. 武汉：湖北科学技术出版社.

何荫飞，2019. 作物生产技术［M］. 北京：中国农业大学出版社.

李虎，宫田田，吴晚信，2020. 玉米绿色高产栽培技术［M］. 北京：中国农业科学技术出版社.

宋志伟，张德君，2018. 粮经作物水肥一体化实用技术［M］. 北京：化学工业出版社.

王迪轩，杨雄，王雅琴，2021. 玉米优质高产问答［M］. 2版. 北京：化学工业出版社.

王晓光，2010. 玉米栽培技术［M］. 沈阳：东北大学出版社.